四川省工程建设地方标准

四川省园区市政管网工程设计、施工及验收标准

Code for design, construction and acceptance of municipal pipe network engineering of parks in Sichuan Province

DBJ51/T 079 – 2017

主编单位： 四 川 建 筑 职 业 技 术 学 院
批准部门： 四 川 省 住 房 和 城 乡 建 设 厅
施行日期： 2 0 1 7 年 1 2 月 1 日

西南交通大学出版社

2017 成 都

图书在版编目（ＣＩＰ）数据

四川省园区市政管网工程设计、施工及验收标准 /
四川建筑职业技术学院主编. —成都：西南交通大学出
版社，2018.1
　（四川省工程建设地方标准）
　ISBN 978-7-5643-5917-1

　Ⅰ. ①四… Ⅱ. ①四… Ⅲ. ①管网 – 市政工程 – 工程
设计 – 技术标准 – 四川②管网 – 市政工程 – 工程施工 – 技
术标准 – 四川③管网 – 市政工程 – 工程验收 – 技术标准 –
四川 Ⅳ. ①TU99-65

中国版本图书馆 CIP 数据核字（2017）第 289537 号

四川省工程建设地方标准

四川省园区市政管网工程设计、施工及验收标准

主编单位　四川建筑职业技术学院

责 任 编 辑	姜锡伟
封 面 设 计	原谋书装
出 版 发 行	西南交通大学出版社 （四川省成都市二环路北一段 111 号 西南交通大学创新大厦 21 楼）
发 行 部 电 话	028-87600564　028-87600533
邮 政 编 码	610031
网　　　　址	http://www.xnjdcbs.com
印　　　　刷	成都蜀通印务有限责任公司
成 品 尺 寸	140 mm × 203 mm
印　　　　张	5.375
字　　　　数	136 千
版　　　　次	2018 年 1 月第 1 版
印　　　　次	2018 年 1 月第 1 次
书　　　　号	ISBN 978-7-5643-5917-1
定　　　　价	38.00 元

关于发布工程建设地方标准
《四川省园区市政管网工程设计、
施工及验收标准》的通知

川建标发〔2017〕669号

各市州及扩权试点县住房城乡建设行政主管部门，各有关单位：

由四川建筑职业技术学院主编的《四川省园区市政管网工程设计、施工及验收标准》已经我厅组织专家审查通过，现批准为四川省推荐性工程建设地方标准，编号为：DBJ51/T 079–2017，自2017年12月1日起在全省实施。

该标准由四川省住房和城乡建设厅负责管理，四川建筑职业技术学院负责技术内容解释。

四川省住房和城乡建设厅
2017年9月14日

前　言

本规程是根据四川省住房和城乡建设厅《关于下达四川省工程建设地方标准〈园区市政工程设计、施工工艺和验收标准〉编制计划的通知》（川建标发〔2012〕595号）文件要求，由四川建筑职业技术学院、中国市政西南设计研究总院、成都市政开发总公司、成都市建设工程质量监督站、四川德阳四汇建设集团有限公司共同研究编制完成的。

在本规程的编制过程中，编制组认真总结了省内外园区市政建设的成功经验，参考了国内外相关资料，进行了多次讨论、研究和修改。

本规程共9章5附录，主要技术内容包括：总则、术语和符号、给水管网设计、排水管渠设计、电力电缆通道设计、通信通道设计、检查井盖施工、园区管网施工、园区市政管网工程验收。

本规程由四川省住房和城乡建设厅负责管理，四川建筑职业技术学院负责具体技术内容的解释。

在实施过程中，请相关单位注意积累经验和资料，若有意见和建议，请函告四川建筑职业技术学院（地址：四川省德阳市嘉陵江西路4号；电话：0838-2651998；邮编：618000；电子邮箱：lihui@scac.edu.cn）。

主 编 单 位： 四川建筑职业技术学院

参 编 单 位： 中国市政西南设计研究总院

　　　　　　　　成都市市政开发总公司
　　　　　　　　成都市建设工程质量监督站
　　　　　　　　四川德阳四汇建设集团有限公司
主要起草人： 李　辉　　谭　伟　　李　季　　蒋毅宇
　　　　　　 杨转运　　刘世良　　秦　泰　　张会朋
　　　　　　 肖　川　　李永红　　黄建华　　黄仁东
　　　　　　 陈　静　　付浩程　　高彦芝　　吴　强
　　　　　　 张小斌　　项　琴　　姜建华　　刘勇彪
　　　　　　 韩志敏
主要审查人： 姚令侃　　贺长发　　白华清　　王　科
　　　　　　 王　胤　　李　争　　陈永刚

目　次

Contents

1 总　则

1.0.1 为统一我省园区管网工程设计主要经济指标，加强施工管理，规范验收标准，制定本规程。

1.0.2 本规程适用于在城市控制规划以下，区位相对独立并具有特定功能的居住区、校园、公园等园区范围内新建和改建的管网工程，不包括工业园区及生产园区。

1.0.3 园区管网工程建设的依据是城市总体规划、控制性详细规划，以及包含城市综合交通规划在内的相关专项规划，其设计和施工应考虑社会效益、环境效益与经济效益的协调统一，遵循和体现以人为本、资源节约、环境友好的原则，合理采用技术标准。

1.0.4 园区管网工程除应符合本规程的规定外，尚应符合国家现行有关标准的规定。

2 术语和符号

2.1 术 语

2.1.1 压力管道 pressure pipeline

本规程指工作压力大于或等于 0.1 MPa 的给排水管道。

2.1.2 无压管道 non-pressure pipeline

本规程指工作压力小于 0.1 MPa 的给排水管道。

2.1.3 刚性管道 rigid pipeline

主要依靠管体材料强度支撑外力的管道，在外荷载作用下其变形很小，管道的失效主要由管壁强度不足造成。本规程指钢筋混凝土、预（自）应力混凝土管道和预应力钢筒混凝土管道。

2.1.4 柔性管道 flexible pipeline

在外荷载作用下变形显著的管道，竖向荷载大部分由管道两侧土体所产生的弹性抗力所平衡，管道的失效通常由变形造成而不是管壁的破坏。本规程主要指钢管、化学建材管和柔性接口的球墨铸铁管管道。

2.1.5 刚性接口 rigid joint of pipelines

不能承受一定量的轴向线变位和相对角变位的管道接口，如用水泥类材料密封或用法兰连接的管道接口。

2.1.6 柔性接口 flexible joint of pipelines

能承受一定量的轴向线变位和相对角变位的管道接口，如用橡胶圈等材料密封连接的管道接口。

2.1.7 化学建材管 chemical material pipelines

本规程指玻璃纤维管或玻璃纤维增强热固性塑料管（简称玻璃钢管）、硬聚氯乙烯管（UPVC）、聚乙烯管（PE）、聚丙烯管（PP）及其钢塑复合管的统称。

2.1.8 管渠 canal；ditch；channel

指采用砖、石、混凝土砌块砌筑的，钢筋混凝土现场浇筑的或采用钢筋混凝土预制构造装配的矩形、拱形等异型（非圆形）断面的输水通道。

2.1.9 开槽施工 trench installation

从地表开挖沟槽，在沟槽内敷设管道（渠）的施工方法。

2.1.10 不开槽施工 trenchless installation

在管道沿线地面下开挖成形的洞内敷设或浇筑管道（渠）的施工方法，有顶管法、定向钻法、夯管法等。

2.1.11 管道交叉处理 pipeline cross processing

指施工管道与既有管线相交或相距较近时，为保证施工安全和既有管线运行安全所进行的必要的施工处理。

2.1.12 掘进顶管法 pipe jacking method

借助于顶推装置，将预制管节顶入土中，采用人工或机械方法挖掘前进方向的土体的地下管道不开槽施工方法。

2.1.13 浅埋暗挖法 shallow undercutting method

利用土层在开挖过程中短时间的自稳能力，采取适当的支护措施，使围岩或土层表面形成密贴型薄壁支护结构的不开槽施工方法。

2.1.14 定向钻法 directional drilling method

利用水平钻孔机钻进小口径的导向孔，然后用回扩钻头扩大钻孔，同时将管道拉入孔内的不开槽施工方法。

2.1.15 夯管法 pipe ramming method

利用夯管锤（气动夯锤）将管节夯入地层中的地下管道不开槽

施工方法。

2.1.16 工作井 working shaft

用顶管、盾构、浅埋暗挖等不开槽施工法施工时，从地面竖直开挖至管道底部的辅助通道，也称为工作坑、竖井等。

2.1.17 管道严密性试验 leak test

对已敷设好的管道用液体或气体检查管道渗漏情况的试验统称。

2.1.18 压力管道水压试验 water pressure test for pressure pipeline

以水为介质，对已敷设的压力管道采用满水后加压的方法，来检验在规定的压力值时管道是否发生结构破坏以及是否符合规定的允许渗水量（或允许压力降）标准的试验。

2.1.19 无压管道闭水试验 water obturation test for non-pressure pipeline

以水为介质对已敷设重力流管道（渠）所做的严密性试验。

2.1.20 无压管道闭气试验 pneumatic pressure test for non-pressure pipeline

以气体为介质对已敷设管道所做的严密性试验。

2.1.21 栅格管 grid pipe

由若干个小方孔组成的矩形或方形多孔管。

2.1.22 蜂窝管 honeycomb pipe

由若干个六边形小孔组成的多孔管（截面形似蜂窝）。

2.1.23 梅花管 plum blossom pipe

由若干个小圆孔组成的多孔管（截面形似梅花）。

2.1.24 波纹管 corrugated pipe

管外壁为波纹形的单孔管，包括单壁波纹管和双壁波纹管。

2.1.25 硅芯管 silicore plastic duct

管内壁为硅芯层的聚乙烯单孔管。

2.1.26 实壁管 solid-wall pipe

管壁为实型的单孔管。

2.2 符　号

A——水流有效断面面积（m^2）；

B——管道沟槽底部的开挖宽度（mm）；

b_1——管道一侧的工作面宽度（mm）；

b_2——有支撑要求时，管道一侧的支撑厚度（mm）；

b_3——现场浇筑混凝土或钢筋混凝土管渠一侧模板的厚度（mm）；

C——流速系数；

C_h——海曾-威廉系数；

d——电（光）缆的外径（mm）；

D——管、孔内径（mm）；

D_0——管外径（mm）；

D_g——顶管机外径（m）；

d_j——管道计算内径（m）；

D_K——扩孔钻头外径（m）；

E_w——水的体积模量；

f_1——管节外壁单位面积的平均摩擦阻力（kN/m^2）；

f_k——管道外壁与土层单位面积平均摩擦阻力（kN/m^2）；

F_p——顶进阻力（kN）；

g——重力加速度（m/s^2）；

h——槽盒外壳高度（mm）；

h_j——管（渠）道局部水头损失（m）；

h_y——管（渠）道沿程水头损失（m）；

h_z——管（渠）道总水头损失（m）；

i——管道单位长度的水头损失（水力坡降）；

L_c——管段长度（m）；

L_y——预制管管节长度（m）；

L_d——管道设计顶进长度（m）；

L_h——回拖管段总长（m）；

L——试验管段的长度（m）；

n——管（渠）道的粗糙系数；

N_F——顶管机的迎面阻力（kN）；

P——压力管道的工作压力（MPa）；

P_F——扩孔钻头迎面阻力（kN）；

P_h——总回拖阻力（kN）；

P_z——管外壁周围摩擦阻力（kN）；

q——设计流量（m^3/s）；

q_y——允许渗水量[L/（min·km）]；

q_s——实测渗水量[L/（min·km）]；

R——水力半径（m）；

R_a——迎面土挤压力（kN/m^2）；

R_{min}——最小曲率半径（m）；

R_s——挤压阻力（kN/m^2）；

T——从开始计时至保持恒压结束的时间（min）；

t——管道壁厚（mm）；

V——试压管段总容积（L）；

v——管道断面水流平均流速（m/s）；

W——恒压时间内补入管道的水量（L）；

λ——沿程阻力系数；

α——曲线顶管时，相邻管节之间接口的控制允许转角（°）；

ΔP——降压量（MPa）；

ΔS——相邻管节之间接口允许的最大间隙与最小间隙之差（m）；

ζ——管（渠）道局部水头损失系数；

α——温度-压力折减系数。

3 给水管网设计

3.1 一般规定

3.1.1 园区给水管网的设计流量，应按最高日最高时用水量计算确定。

3.1.2 园区生活饮用水管网，严禁与非生活饮用水管网连接，严禁与自备水源供水系统直接连接。

3.1.3 园区给水管网应按最高日最高时供水量及设计水压进行水力平差计算，并应分别按下列 3 种工况和要求进行校核：

    1 发生消防时的流量和消防水压的要求。

    2 最大转输时的流量和水压的要求。

    3 最不利管段发生故障时的事故用水量和设计水压要求。

3.1.4 园区给水管网应进行优化设计，在保证设计水量、水压、水质和安全供水的条件下，进行不同方案的技术经济比较。

3.1.5 承担消防给水任务的管道，其最小直径不应小于 100 mm，室外消火栓的间距不应超过 120 m。

3.1.6 在满足管线使用及运营维护要求的前提下，给水管网可纳入园区综合管廊，其综合管廊的规划、设计、加工及维护应符合现行国家标准《城市综合管廊工程技术规范》GB 50838 的有关规定。

3.2 给水系统

3.2.1 给水系统的选择应根据园区地形、水源情况、城镇规划、供水规模、水质及水压要求，以及原有给水工程设施等条件，从全局出发，通过技术经济比较后综合考虑确定。

3.2.2 园区宜采用多水源供水的给水系统。

3.2.3 园区的给水系统应尽量利用城镇给水管网的水压直接供水，当城镇供水管网的水压、水量不足时，应设置贮水调节和加压装置；园区内全部用水的要求，应根据供水水源的水量情况适当设置调节水池。

3.2.4 园区加压给水系统加压站的数量、规模和水压，应根据园区的规模、建筑高度和建筑物的分布等因素确定。

3.2.5 生活用水给水系统的供水水质必须符合现行生活饮用水卫生标准的要求；专用的工业用水给水系统，其水质标准应根据用户的要求确定。

3.3 设计水量及水源

3.3.1 设计水量应该按《室外给水设计规范》GB 50013 第 4.0.1～4.0.9 条、《建筑给水排水设计规范》GB 50015—2003 第 3.6.1～3.6.2 条及园区的实际情况计算确定。

3.3.2 园区水源应尽量利用城镇给水管网，确实不能满足的可根据园区的实际情况建设园区水厂。

3.4 水力计算

3.4.1 管（渠）道总水头损失，可按下式计算：

$$h_z = h_y + h_j \qquad (3.4.1)$$

式中 h_z——管（渠）道总水头损失（m）；

h_y——管（渠）道沿程水头损失（m）；

h_j——管（渠）道局部水头损失（m）。

3.4.2 管（渠）道沿程水头损失，可分别按下列公式计算：

1 塑料管：

$$h_y = \lambda \frac{L_c}{d_j} \cdot \frac{v^2}{2g} \qquad (3.4.2\text{-}1)$$

式中 λ——沿程阻力系数；

    L_c——管段长度（m）；

    d_j——管道计算内径（m）；

    v——管道断面水流平均流速（m/s）；

    g——重力加速度（m/s^2）。

2 混凝土管（渠）及采用水泥砂浆内衬的金属管道：

$$i = \frac{h_y}{l} = \frac{v^2}{C^2 R} \qquad (3.4.2\text{-}2)$$

式中 i——管道单位长度的水头损失（水力坡降）；

    C——流速系数；

    R——水力半径（m）。

其中：

$$C = \frac{1}{n} R^y \qquad (3.4.2\text{-}3)$$

式中 n——管（渠）道的粗糙系数；

    y——可按下式计算：

$$y = 2.5\sqrt{n} - 0.13 - 0.75\sqrt{R}(\sqrt{n} - 0.1) \qquad (3.4.2\text{-}4)$$

式（3.4.2-4）适用于 $0.1 \leqslant R \leqslant 3.0$，$0.011 \leqslant n \leqslant 0.040$ 的情形。

管道计算时，y 也可取 1/6，即流速系数按 $C = R^{1/6}/n$ 计算。

3 输配水管道、配水管网水力平差计算：

$$i = \frac{h_y}{l} = \frac{10.67 q^{1.852}}{C_h^{1.852} d_j^{4.87}}$$ （3.4.2-5）

式中 q——设计流量（m^3/s）；

C_h——海曾-威廉系数。

3.4.3 管（渠）道的局部水头损失宜按下式计算：

$$d_j = \sum \zeta \frac{v^2}{2g}$$ （3.4.3）

式中 ζ——管（渠）道局部水头损失系数。

3.5 管道布置及附属设施

3.5.1 管道的埋设深度，应根据冰冻情况、外部荷载、管材性能、抗浮要求及与其他管道交叉等因素确定。露天管道应有调节管道伸缩设施，并设置保证管道整体稳定的措施，还应根据需要采取防冻保温措施。

3.5.2 园区的给水系统应沿园区内道路铺设，宜平行于建筑物敷设在绿地及人行道下，管道外壁距离建筑物外墙的净距不宜小于1.0 m，且不得影响建筑物的基础。

3.5.3 园区的给水管网，宜布置成环状网或与城镇给水管连接成环状网。环状给水管网与城镇给水管的连接管不宜小于两条。

3.5.4 给水管道与其他管线交叉时的最小垂直净距，应符合表3.5.4 中的规定。

表 3.5.4　给水管道与其他管线最小垂直净距

序号	管线名称		与给水管线的最小垂直净距（m）
1	给水管线		0.15
2	污、雨水排水管线		0.40
3	热力管线		0.15
4	燃气管线		0.15
5	电信管线	直埋	0.50
		管块	0.15
6	电力管线		0.15
7	沟渠（基础底）		0.50
8	涵洞（基础底）		0.15
9	电车（轨底）		1.00
10	铁路（轨底）		1.00

3.5.5 输配水管道的地基、基础、垫层、回填土压实密度等的要求，应根据管材的性质（刚性管或柔性管），结合管道埋设处的具体情况，按现行国家标准《给水排水工程管道结构设计规范》GB 50332的规定确定。

3.5.6 管道试验压力及水压试验要求应符合现行国家标准《给水排水管道工程施工及验收规范》GB 50268 的有关规定。

3.6　管道材料及附属设施

3.6.1 给水管道材质的选择，应根据管径、内压、外部荷载和管道敷设区的地形、地质、管材的供应，按照运行安全、耐久、减少漏损、施工和维护方便、经济合理以及清水管道防止二次污染的原则，进行技术、经济、安全等综合分析确定。

3.6.2 金属管道应考虑防腐措施。金属管道应根据土壤、水位等条件考虑防腐措施。金属管道内防腐宜采用熔结环氧粉末涂层、水泥砂浆衬里；金属管道外防腐宜采用石油沥青、改性沥青、聚乙烯、环氧煤沥青、胶粘带等。金属管道敷设在腐蚀性土中以及电气化铁路附近或其他有杂散电流存在的地区时，为防止发生电化学腐蚀，应采取阴极保护措施（外加电流阴极保护或牺牲阳极）。

3.6.3 给水管道的管材及金属管道内防腐材料和承插管接口处填充料应符合现行国家标准《生活饮用输配水设置及防护材料的安全性评价标准》GB/T 17219 的有关规定。

3.6.4 给水管道尚应按事故检修的需要设置阀门。配水管网上两个阀门之间独立管段内消火栓的数量不宜超过 5 个。

3.6.5 给水主管道隆起点上应设通气设施，管线竖向布置平缓时，宜间隔 1 000 m 左右设一处通气设施。给水支管道可根据工程需要设置空气阀。

3.6.5 给水管低洼处及阀门间管段低处，可根据工程的需要设置泄（排）水阀井。泄（排）水阀的直径，可根据放空管道中泄（排）水所需要的时间计算确定。

3.6.6 给水管需要进人检修处，宜在必要的位置设置人孔。

4 排水管渠设计

4.1 一般规定

4.1.1 排水管渠系统应根据园区规划和建设情况统一布置，酌情考虑实施分期建设，应采用雨、污分流的排水体制。排水管渠断面尺寸应按远期规划的最高日最高时设计流量设计，按现状水量复核，并考虑园区发展的需要。

4.1.2 管渠平面位置和高程，应根据地形、土质、地下水位、道路情况、原有的和规划的地下设施、施工条件以及养护管理方便等因素综合考虑确定。排水干管应布置在排水区域内地势较低或便于雨污水汇集的地带。排水管宜沿园区道路敷设，并与道路中心线平行，宜设在快车道以外，不得已设在快车道以内时，应进行专门设计。

4.1.3 管渠材质、管渠构造、管渠基础、管道接口，应根据排水水质、水温、冰冻情况、断面尺寸、管内外所受压力、土质、地下水位、地下水侵蚀性、施工条件及对养护工具的适应性等因素进行选择与设计。

4.1.4 排水管渠的断面形状，应符合下列要求：

  1 排水管渠的断面形状应根据设计流量、埋设深度、工程环境条件，同时结合当地施工、制管技术水平和经济、养护管理要求综合确定，宜优先选用成品管。

  2 大型和特大型管渠的断面应方便维修、养护和管理。

4.1.5 输送腐蚀性污水的管渠必须采用耐腐蚀材料，其接口及附属构筑物必须采取相应的防腐蚀措施。

4.1.6 当输送易造成管渠内沉析的污水时，管渠形式和断面的确定，必须考虑维护检修的方便。

4.1.7 园区内流经经常受有害物质污染的场地的雨水，应经预处理达到相应标准后才能排入排水管渠。

4.1.8 排水管渠系统的设计，应以重力流为主，不设或少设提升泵站。当无法采用重力流或重力流不经济时，可采用压力流。

4.1.9 雨水管渠系统设计可结合园区规划，考虑利用水体调蓄雨水，必要时可建人工调蓄和初期雨水处理设施。

4.1.10 污水管道和附属构筑物应保证其严密性，应进行闭水试验，防止污水外渗和地下水人渗。

4.1.11 雨水管道系统之间或合流管道系统之间可根据需要设置连通管。必要时可在连通管处设闸槽或闸门。连接管及附近闸门井应考虑维护管理的方便。雨水管道系统与合流管道系统之间不应设置连通管道。

4.1.12 排水管渠系统中，在排水泵站和倒虹管前，宜设置事故排出口。

4.1.13 排水管渠可纳入园区综合管廊，进入综合管廊的排水管道应采用分流制，雨水纳入综合管廊可利用结构本体或采用管道排水方式；污水纳入综合管廊应采用管道排水方式，污水管道宜设置在综合管廊的底部。综合管廊的其他要求应满足《城市综合管廊工程技术规范》GB 50838 的有关规定。

4.2 生活污水量

4.2.1 园区生活污水量应按《室外排水设计规范》GB 50014、《建筑给水排水设计规范》GB 50015 的有关规定及园区的实际情况计算确定。

4.3　雨水量

4.3.1　对于集雨面积在 2 km^2 以内的园区雨水量可按《室外排水设计规范》GB 50014 中有关公式计算确定，折减系数 m 值宜适当减小。

4.3.2　对于集雨面积大于 2 km^2 的园区雨水量推荐使用水力模型进行模拟确定。

4.3.3　应对园区进行内涝风险评估。

4.4　水力计算

4.4.1　排水管渠的流量，应按下列公式计算：

$$q = Av \qquad\qquad (4.4.1)$$

式中　q——设计流量（m^3/s）；

　　　A——水流有效断面面积（m^2）；

　　　v——管道断面水流平均流速（m/s）。

4.4.2　恒定流条件下排水管渠的流速，应按下列公式计算：

$$v = \frac{1}{n} R^{\frac{2}{3}} i^{\frac{1}{2}} \qquad\qquad (4.4.2)$$

式中　v——管道断面水流平均流速（m/s）；

　　　i——管道单位长度的水头损失（水力坡降）；

　　　n——管道的粗糙系数；

R——水力半径（m）。

4.4.3 排水管渠粗糙系数，宜按本规程表 4.4.3 的规定取值。

表 4.4.3　排水管渠粗糙系数

管渠类别	粗糙系数 n	管渠类别	粗糙系数 n
UPVC 管、PE 管、玻璃钢管	0.009 ~ 0.010	浆砌砖渠道	0.015
石棉水泥管、钢管	0.012	浆砌块石渠道	0.017
陶土管、铸铁管	0.013	干砌块石渠道	0.020 ~ 0.025
混凝土管、钢筋混凝土管、水泥砂浆抹面渠道	0.013 ~ 0.014	土明渠（包括带草皮）	0.025 ~ 0.030

4.4.4 重力流污水管道应按非满流计算，其最大设计充满度，应按本规程表 4.4.4 的规定取值。

表 4.4.4　最大设计充满度

管径或渠高（mm）	最大设计充满度
200 ~ 300	0.55
350 ~ 450	0.65
500 ~ 900	0.70
≥1000	0.75

注：1　在计算污水管道充满度时，不包括短时突然增加的污水量，但当管径小于或等于 300 mm 时，应按满流复核。

2　雨水管道和合流管道应按满流计算；

3　明渠超高不得小于 0.2 m。

4.4.5 排水管道的最大设计流速，宜符合下列规定：

　　1　金属管道为 10.0 m/s。

　　2　非金属管道为 5.0 m/s，非金属管道最大设计流速经过试验验证可适当提高。

4.5 管　道

4.5.1　不同直径的管道在检查井内的连接，宜采用管顶平接或水面平接。

4.5.2　管道转弯和交接处，其水流转角不应小于90°。当管径小于等于300 mm，跌水水头大于0.3 m时，可不受此限制。

4.5.3　埋地塑料排水管可采用硬聚氯乙烯管、聚乙烯管和玻璃纤维增强塑料夹砂管。

4.5.4　埋地塑料排水管的使用，应符合下列要求：

　　1　根据工程条件、材料力学性能和回填材料压实度，按环刚度复核覆土深度。

　　2　机动车道下不宜采用埋地塑料排水管道。

　　3　埋地塑料排水管不应采用刚性基础。

4.5.5　塑料管应直线敷设，当遇到特殊情况需折线敷设时，应采用柔性连接，其允许偏转角应满足要求。

4.5.6　管道基础应根据管道材质、接口形式和地质条件确定，可采用混凝土基础、砂石垫层基础或土弧基础，对地基松软或不均匀沉降地段，管道基础应采取加固措施。

4.5.7　管道接口应根据管道材质和地质条件确定，污水和合流污水管道应采用柔性接口。当管道穿过粉砂、细砂层并在最高地下水位以下，或在地震设防烈度为7度及以上设防区时，必须采用柔性接口。

4.5.8　当矩形钢筋混凝土箱涵敷设在软土地基或不均匀地层上时，宜采用钢带橡胶止水圈结合上下企口式接口形式。

4.5.9　设计排水管道时，应防止在压力流情况下使接户管发生倒灌。

4.5.10 污水管道和合流管道应根据需要设通风设施。

4.5.11 管顶最小覆土深度，应根据管材强度、外部荷载、土壤冰冻深度和土壤性质等条件，结合当地埋管经验确定。管顶最小覆土深度宜为：人行道下 0.6 m，车行道下 0.7 m。

4.5.12 一般情况下，排水管道宜埋设在冰冻线以下。当该地区或条件相似地区有浅埋经验或采取相应措施时，也可埋设在冰冻线以上，其浅埋数值应根据该地区经验确定。

4.5.13 承插式压力管道应根据管径、流速、转弯角度、试压标准和接口的摩擦力等因素，通过计算确定是否在垂直或水平方向转弯处设置支墩。

4.5.14 压力管接入自流管渠时，应有消能设施。

4.5.15 管道的施工方法，应根据管道所处土层性质、管径、地下水位、附近地下和地上建筑物等因素，经技术经济比较，确定采用开槽、顶管等。

4.6 立体交叉道路排水

4.6.1 立体交叉道路排水应排除汇水区域的地面径流水和影响道路功能的地下水，其形式应根据当地规划、现场水文地质条件、立交形式等工程特点确定。

4.6.2 立体交叉道路排水的地面径流量计算，宜符合下列规定：

  1 设计重现期不小于 5 年，重要区域标准可适当提高，同一立体交叉工程的不同部位可采用不同的重现期。

  2 地面集水时间宜为 5 min ~ 10 min。

  3 径流系数宜为 0.8 ~ 1.0。

  4 汇水面积应合理确定，宜采用高水高排、低水低排互不连通的系统，并应有防止高水进入低水系统的可靠措施。

4.6.3 立体交叉地道排水应设独立的排水系统，其出水口必须可靠。

4.6.4 当立体交叉地道工程的最低点位于地下水位以下时，应采取排水或控制地下水的措施。

4.6.5 高架道路雨水口的间距宜为 20 m～30 m。每个雨水口单独用立管引至地面排水系统。雨水口的入口应设置格网。

4.7 雨水资源化利用

4.7.1 雨水资源化利用可采用截留利用、末端处理利用、分散处理利用、截留入渗等方式。

4.7.2 园区雨水资源化利用推荐采用浅草沟、乱石沟、生态滤沟、透水地面等技术方案。

4.7.3 园区应根据实际情况发展有当地特色的雨水资源化利用系统，推进海绵城市建设。

4.8 雨水调蓄设施

4.8.1 在园区适当位置宜设置雨水调蓄设施，调蓄容积应根据降雨线、园区建成前后径流的变化及当地的初期雨水的水质等因素综合确定，如无资料时可按《室外排水设计规范》GB 50014 及海绵城市建设的有关规定确定。

5 电力电缆通道设计

5.1 一般规定

5.1.1 输电及主干配电电缆应优先采用隧道或综合管廊敷设，排管和电缆沟作为补充敷设方式；配网电缆应论证缆线管廊、排管敷设与电缆沟敷设的优劣，在采用电缆沟敷设时应注意控制电缆根数，以确保安全及保证电缆有足够的载流量。

5.1.2 同一路段上的各级电力电缆线路宜同路径敷设，但输配电线路电缆通道应各自独立。电缆沟及排管设置规模、形式、位置宜按表 5.1.2 的规定执行：

表 5.1.2　电缆沟及排管设置

道路宽度（B）	B<16 m	16 m≤B<30 m	B≥30 m
电缆沟	0.6 m×1 m	1.0 m×1.0 m	1.2 m×1 m
排管	9孔	12孔	16孔
布置形式	单侧	单侧或双侧	双侧

5.1.3 对于单侧修建配网电缆通道的街道，应在路口处适当增加过街排管，规模不宜小于9孔。

5.1.4 在路桥上敷设的电缆，优先使用专用桥架并用耐火材料进行外表面处理。电缆桥梁的高度应符合相关管理部门的要求，桥梁通道的两端应设工井和放跨栏装置，工井及配套装置应符合相关要求。

5.1.5 各类电力通道井口内径不应小于 800 mm，应采用双层防盗井盖，在车道上应采用双层加强型球墨铸铁防盗井盖，材质、承载力应满足荷载、环境及设计要求，以及防水、防盗、防滑、防位移、防坠落等要求。井盖上应设电力专用标志。

5.1.6 各类电缆通道高程错位时，应按不小于 1 : 7 的比例放坡。

5.1.7 电缆敷设方式的选择，应符合下列要求：

1 在有爆炸危险场所明敷的电缆、露出地坪上需加以保护的电缆，以及与公路、铁道交叉的地下电缆，应采用电缆排管。

2 地下电缆通过房屋、广场的区段，以及电缆敷设在规划中将作为道路的地段，宜采用穿管确。

3 在地下管网较密的地区、道路狭窄且交通繁忙或道路挖掘困难的通道等电缆数量较多时，可采用穿管。

4 地下水位较高的地方，以及通道中电力电缆数量较少且在不经常有载重车通过的户外配电装置等场所，宜采用浅沟。

5.1.8 在隧道、沟、浅槽、竖井、夹层等封闭式电缆通道中，不得布置热力管道，严禁有易燃气体或易燃液体的管道穿越。

5.1.9 电缆管沟的敷设应满足园区道路景观要求，在绿化带内敷设时宜采用排管方式。

5.1.10 电力电缆可纳入园区综合管廊，其中 110 kV 及以上电力电缆不应与通信电缆同侧布置。综合管廊的其他要求应满足《城市综合管廊工程技术规范》GB 50838 的有关规定。

5.2 电缆路径

5.2.1 电缆线路路径应与园区总体规划相结合，应与各种管线和其他市政设施统一安排。

5.2.2 电缆敷设宜采用地下敷设，路径应综合考虑路径长度、施工、运行和维修方便等因素，统筹兼顾，做到经济合理，安全适用。

5.2.3 电缆通道一般宜考虑在正式道路人行道或绿化带上建设，应避开地质疏松、易于沉陷的地段。

5.2.4 供敷设电缆用的土建设施宜按电网远景规划并预留适当裕度一次建成。

5.2.5 供敷设电缆用的地下设施或直埋敷设的电缆不应平行设于其他管线的正上方或正下方。

5.2.6 电缆跨越河流宜优先考虑利用城市交通桥梁或交通隧道敷设。

5.3　排管敷设

5.3.1 排管所需孔数除按电网规划确定敷设电缆根数外，还应预留4孔备用。

5.3.2 电缆排管宜采用可挠性材料，应满足耐久性和地基承载力特征值，在人行道上的结构应按 100 kPa 设计，在车道上的结构按 130 kPa 设计。

5.3.3 对1孔敷设1根电缆用的排管，其管径应按下式确定：

$$D \geqslant 1.5d \qquad (5.3.3)$$

式中　D——管内径（mm）；

　　　d——电（光）缆的外径（mm）。

5.3.4 排管尽可能做成直线，如需避让障碍物时，可做成圆弧状排管，但圆弧半径不得小于12 m；如使用硬质管，则在两管镶接处的折角不得大于2.5°。

5.3.5 电缆排管管壁的间距应不小于0.05 m～0.1 m。

5.3.6 排管底应置于经平整夯实的土层或混凝土垫层上；纵向排水坡度不宜小于 0.3%。

5.3.7 排管管壁的间隙宜用 C20 混凝土充填，也可用砂填实。

5.3.8 顶管施工时顶管内径不宜小于 0.8 m，管壁间距宜不小于 0.2 米，管内应根据设计规模设置相应数量的排管。

5.3.9 电缆排管顶部覆土一般不小于 0.7 m，小于 0.7 m 时需采取加固措施。

5.4 排管工作井设置

5.4.1 电缆排管连续长度不宜超过 50 m，排管之间检查井长度不宜小于 3 m。配网电缆排管每间隔 2 个检查井应设置 1 处电缆接头井，接头井长度不宜小于 4 m；输电电缆排管应根据电气设计合理设置接头井，接头井长度不宜小于 8 m。

5.4.2 工井净宽应根据安装在同一工井内各电缆接头中的最大直径和接头数量以及施工机具安置所需空间进行设计。工井净高应根据接头数量和接头之间距离不小于 100 mm 设计，且封闭式工井净高不宜小于 1.9 m。

5.4.3 每座工井的底板应设有集水坑，向集水坑泄水坡度不应小于 0.3%。

5.4.4 排管中电缆分支、接头、管路方向有较大改变等位置应设检查井。检查井两端宜正对排管轴线下部设牵引地锚，十字井应四侧设置牵引地锚，T 形井应三侧装设牵引地锚，地锚应能承受至少 50 kN 的牵引力。

5.4.5 三通、四通检查井内不同方向的排管在高程上应错开，错层净空距离不小于 0.15 m；配网电缆通道上的三通井、四通井最小转弯半径不应小于 2 m，输电电缆通道上的最小转弯半径不应小于 2.5 m。

5.4.6　安装在工作井内的金属构件均应用镀锌扁钢与接地装置连接。每座工井应设接地装置，接地电阻不应大于 10 Ω。

5.5　电缆沟敷设

5.5.1　电缆沟深度应按远景规划敷设电缆根数决定，但沟深不宜大于 1.5 m。

5.5.2　净深小于 0.6 m 的电缆沟，可把电缆敷设在沟底板上，不设支架和施工通道。

5.5.3　电缆沟应能排水畅通，且符合下列规定：

　　1　电缆沟的纵向排水坡度，不宜小于 0.5%。

　　2　电缆沟应每隔 5 m 设置一个渗水槽，有条件的情况下渗水槽应与市政管网接通。

5.5.4　电缆沟应采用单侧或双侧挂钩分层悬挂电缆，沟内应有双侧挂钩预埋件；配网电缆通道预埋件尺寸应不小于 80 mm × 80 mm，输电电缆通道预埋件尺寸应不小于 150 mm × 150 mm。

5.5.5　电缆沟内壁挂钩宜为金属焊接加工件。金属挂钩须进行防腐处理，且表面光滑。

5.5.6　电缆沟外侧应设接地体，预埋件应与接地体相连接。

5.5.7　电缆支架的层间垂直距离，应满足电缆方便地敷设和固定的要求。在多根电缆同层支架敷设时，电缆支架之间最小净距不宜小于表 5.5.7 的规定。

表 5.5.7 电缆支架的层间允许最小净距（mm）

电缆敷设类型及敷设特征		支架层间最小净距
控制电缆		120
电力电缆	电力电缆每层多于一根	2 d+50
	电力电缆每层一根	d+50
	电力电缆三根品字形布置	2 d+50
	电缆敷设于槽盒内	h+80

注：d——电缆最大外径；

   h——槽盒外壳高度。

5.5.8　在电缆沟、隧道或电缆夹层内安装的电缆支架离底板和顶板的净距不宜小于表 5.5.8 的规定。

表 5.5.8 电缆支架离底板和顶板的最小净距（mm）

敷设方式	最下层垂直净距	最上层垂直净距
电缆沟	50 ~ 100	150 ~ 200
隧道或电缆夹层	50 ~ 100	100 ~ 150

5.5.9　电缆沟或隧道内通道净宽，不宜小于表 5.5.9 的规定。

表 5.5.9 电缆沟或隧道内通道净宽允许最小值（mm）

电缆支架配置及通道特征	电缆沟深			电缆隧道
	≤600	600 ~ 1000	≥1000	
两侧支架	300	500	700	1000
单侧支架	300	450	600	900

5.5.10　电缆沟应每隔 15 m ~ 20 m 设置一处具有足够承重能力的

散热型可揭金属边框盖板，可揭长度应不小于 2 m，盖板宽度一般应为 0.5 m，遇特殊情况可适当调整；盖板上应有提手孔。

5.5.11 电缆沟盖板应结合所处地理环境，进行承载力校核；可开启的电缆沟盖板的单块质量不宜超过 50 kg。

5.5.12 重要回路电缆沟应按每隔 50 m ~ 100 m 标准分段设置防火墙。

6 通信通道设计

6.1 一般规定

6.1.1 通信管道与通道工程设计中必须选用符合国家有关技术标准的定型产品。未经国家有关产品质量检验机构检验合格的管材，不得在工程中使用。

6.1.2 电信线路均应敷设在地下，地下通信管道工程建设，应根据园区的性质、功能、环境条件和使用要求进行设计，做到降低建设成本，提高投资效益。

6.1.3 园区地下通信管道应按通信终期容量一次建成，分次使用，适当预留备用管孔，并应与公共通信管道相连接。

6.1.4 通信管道与通道规划应以园区发展规划和通信建设总体规划为依据。通信管道建设规划必须纳入园区建设规划，必须与道路、给排水、热力管、燃气管、电力电缆等市政设施同步建设。

6.1.5 通信管道规模应满足园区发展需要及四川省光纤到户要求，进行总体规划。

6.1.6 对于新建、改建的建筑物，楼外预埋通信管道应与建筑物的建设同步进行，并应与公用通信管道相连接。

6.1.7 桥梁、隧道等建筑物应同步建设通信管道或留有通信管道的位置。必要时，应进行管道特殊设计。

6.1.8 在满足管线使用及运营维护要求的前提下，通信管道可纳入园区综合管廊，其综合管廊的规划、设计、加工及维护应符合现行国家标准《城市综合管廊工程技术规范》GB 50838 的有关规定。

6.2 通信管材和管型选用

6.2.1 通信管道通常采用的材料应包括水泥管块、硬质或半硬质聚乙烯（或聚氯乙烯）塑料管以及钢管等。一般情况下通信管道宜使用塑料管。

6.2.2 通信塑料管材的材质宜选用硬聚氯乙烯（PVC-U），或密度为 $0.940 \text{ g/cm}^3 \sim 0.965 \text{ g/cm}^3$ 的高密度聚乙烯（HDPE）。

6.2.3 通信塑料管宜选用栅格管、蜂窝管、梅花管、波纹管、硅芯管、实壁管等管型。

6.2.4 在下列情况下宜采用双壁波纹塑料管或普通硬质塑料管：

  1 管道的埋深位于地下水位以下，或与渗漏的排水系统相邻近。

  2 腐蚀情况比较严重的地段。

  3 地下障碍物复杂的地段。

  4 施工期限要求急迫或需要尽快回填土的地段。

6.2.5 在下列情况下宜采用钢管：

  1 管道附挂在桥梁上或跨越沟渠，有悬空跨度时。

  2 需采用顶管施工方法穿越道路或铁路路基时。

  3 埋深过浅或路面荷载过重时。

  4 地基特别松软或有可能遭到强烈震动时。

  5 有强电危险或干扰影响需要防护时。

6.2.6 通信管道的管孔内径应按电（光）缆外径确定，并应符合下列要求：

$$D \geqslant 1.25d \qquad\qquad (6.2.6)$$

式中　D——管内径（mm）；

　　　d——电（光）缆的外径（mm）。

6.3　通信管道路由和位置确定

6.3.1　通信管道路由的确定应遵循合理、稳定、经济可行的原则，并应符合下列要求：

1　应避免在规划不定，尚未定型，或虽已成型但土壤未沉实的道路上，以及流砂、翻浆地带上建设。

2　通信管道与通道路由应远离电蚀和化学腐蚀地带。

3　应在管道规划的基础上充分分析研究敷设的可能性，增加管网的灵活性。

4　选择地下、地上障碍物较少的易于维护管道的道路。

5　管道敷设在桥、涵、坡等特殊地段时，应避开水沟和易滑坡受冲刷的地段，当无法避开时，应采取加固保护措施。

6.3.2　选定通信管道位置时，应符合下列条件：

1　管道宜建在人行道下，当在人行道下无法建设时，可建在慢车道下，不宜建在快车道下。

2　管道位置宜建在用户较多一侧。

3　管道中心线应平行于道路中心线或建筑红线。

4　管道不宜建在埋深较大的其他管线附近。

6.3.3　通信管道与通道应避免与燃气管道、高压电力电缆在道路同侧建设，不可避免时，通信管道、通道与其他地下管线及建筑物间的最小净距，应符合表 6.3.3 的规定。

表 6.3.3　通信管道、通道和其他地下管线及建筑物间的最小净距表

其他地下管线及建筑物名称		平行净距（m）	交叉净距（m）
已有建筑物		2.0	—
规划建筑物红线		1.5	—
给水管	$D \leqslant 300$ mm	0.5	0.15
	300 mm $< D \leqslant 500$ mm	1.0	
	$D > 500$ mm	1.5	
污水、排水管		1.0	0.15
热力管		1.0	0.25
燃气管	压力 $\leqslant 300$ kPa	1.0	0.30
	300 kPa $<$ 压力 $\leqslant 800$ kPa	2.0	
电力电缆	35 kV 以下	0.5	0.50
	$\geqslant 35$ kV	2.0	
高压铁塔基础	> 35 kV	2.5	—
通信电缆（或通信管道）		0.5	0.25
通信电杆、照明杆		0.5	—
道路边石边缘		1.0	—
铁路钢轨（或坡脚）		2.0	—
沟渠（基础底）		—	0.50
涵洞（基础底）		—	0.25
电车轨底		—	1.00
铁路轨底		—	1.50
绿化	乔木	1.5	—
	灌木	1.0	—

注：1　主干排水管后铺设时，其施工沟边与管道间的平行净距不宜小于1.5 m。

　　2　当管道在排水管下部穿越时，交叉净距不宜小于0.4 m，且通信管道应做包封处理，包封长度自排水管道两侧各长2 m。

　　3　在交越处2 m范围内，燃气管不应做接合装置和附属设备，如上述情况不能避免时，通信管道应做包封处理。

　　4　如电力电缆加保护管时，交叉净距可减至0.15 m。

6.3.4 人孔内不得有其他管线穿越。

6.4 通信管道容量确定

6.4.1 管孔容量应按业务预测及各运营商的具体情况计算，各段管孔数可按表 6.4.1 的规定估算。

表 6.4.1 管孔数量表

使用性质	期别	
	本期	远期
用户光（电）缆管孔	根据规划的光（电）缆条数确定	馈线电缆管道平均每 800 线对占用 1 孔； 配线电缆管道平均每 400 线对占用 1 孔
中继光（电）缆管孔	根据规划的光（电）缆条数确定	视需要估算
过路进局光（电）缆	视需要计算	视发展需要估算
租用管孔及其他	按业务预测及具体情况计算	视需要估算
备用管孔	2 孔～3 孔	视具体情况估计

6.4.2 管道容量应按远期需要和合理的管群组合形式确定，并应留有适当的备用孔。塑料管、钢管等宜组成形状整齐的群体。

6.5 通信管道埋设深度

6.5.1 通信管道的埋设深度（管顶至路面）不应低于表 6.5.1 的要求。当达不到要求时，应采用混凝土包封或钢管保护。

表 6.5.1 路面至管顶的最小深度表（m）

类别	人行道下	车行道下	与电车轨道交越 （从轨道底部算起）	与铁道交越 （从轨道底部算起）
水泥管、塑料管	0.7	0.8	1.0	1.5
钢管	0.5	0.6	0.8	1.2

6.5.2 进入人孔处的管道基础顶部距人孔基础顶部不应小于 0.40 m，管道顶部距人孔上覆底部不应小于 0.30 m。

6.5.3 当遇到下列情况时，通信管道埋设应作相应的调整或进行特殊设计：

   1 城市规划对今后道路扩建、改建后路面高程有变动时。

   2 与其他地下管线交越时的间距不符合表 6.3.3 规定时。

   3 地下水位高度与冻土层深度对管道有影响时。

6.5.4 管道敷设应有一定的坡度，管道坡度为 3‰～4‰，不得小于 2.5‰；如街道本身有坡度，可利用地势获得坡度。

6.5.5 在纵剖面上管道由于躲避障碍物不能直线建筑时，可使管道折向两段人孔向下平滑地弯曲，不能向上弯曲，即不能"U"形弯曲。

6.6 通信管道段长和弯曲

6.6.1 管道段长应按人孔位置而定。在直线路由上，水泥管道的段长最大不得超过 150 m；塑料管道段长最大不得超过 200 m。

6.6.2 每段管道应按直线敷设。如遇道路弯曲或需绕越地上、地下障碍物，且在弯曲点设置人孔而管道段又太短时，可建弯曲管道。

弯曲管道的段长应小于直线管道最大允许段长。

6.6.3 弯曲管道的曲率半径，对水泥管道不应小于 36 m，对塑料管道不应小于 10 m。

6.6.4 同一段管道不应有反向弯曲，即不能有"S"形弯。

6.6.5 弯曲管道中心夹角不应小于 90°，且宜尽量大。

6.7 通信管道敷设

6.7.1 通信管道敷设应符合下列规定：

1 管道的荷载及强度的设计标准应符合国家相关标准及规定。

2 管道应建筑在良好的地基上，对于不同的土质应采用不同的管道基础。

3 在管道铺设过程和施工完后，应将进入人孔的管口封堵严密。

4 对于地下水位较高和冻土层地段应进行特殊设计。

5 排管（群）组合应符合下列规定：

1）排管（群）宜组成矩形，其高度不宜小于宽度，但高度不宜超过宽度的 1 倍。

2）横向排列的管孔宜为偶数，宜与人孔托板容纳的光（电）缆数量相配合。

6.7.2 敷设塑料排管应符合下列规定：

1 塑料排管基础做法应符合下列规定：

1）土质为岩石或硬土层，挖好沟槽后应清除沟底浮土。

2）土质为松软土层，挖好沟槽后应夯实沟底，做 C20 厚 100 mm 混凝土基础垫层。

3）土质为松软不稳定土层，挖好沟槽后应做 C20 钢筋混凝土基础垫层，必要时对管道进行混凝土包封。

2 塑料排管管壁间距应不小于 0.05 m。

3 塑料排管管壁间隙宜用 C20 混凝土填充包封，也可用细砂或细土填封。

4 管道进入人孔或建筑物时，靠近人孔或建筑物侧应做不小于 2 m 长度的钢筋混凝土基础和包封。

5 管孔内径大的管材应放在管群的下边和外侧，管孔内径小的管材应放在管群的上边和内侧。

6 多个多孔塑料管组成管群时，应首选格栅管或蜂窝管。

7 同一管群组合，宜选用一种管型的多孔管，但可与波纹塑料管或水泥管组合在一起。

8 塑料管道的接续应符合下列规定：

1）塑料管之间的连接宜采用承插式黏结、承插弹性密封圈连接和机械压紧管件连接。

2）多孔塑料管的承口处及插口内应均匀涂刷专用中性胶合黏剂，其最小黏度应不小于 500 MPa·s，塑料管应插到底，挤压固定。

3）各塑料管的接口宜错开。

4）塑料管的标志面应在上方。

5）栅格塑料管群应间隔 3 m 左右用专用带捆绑一次，蜂窝管等其他管材宜采用专用支架排列固定。

9 一般情况下，管群上方 300 mm 处宜加警告标识。

10 当塑料管非地下敷设时，对塑料管应采取防老化和机械损伤等保护措施。

6.7.3 敷设过路钢管管道应采用顶管或非开挖方式，桥上敷设宜采用沟槽或桥上固定。

6.8 人（手）孔设置

6.8.1 人（手）孔的荷载及强度的设计标准应符合国家相关标准及规定。

6.8.2 人（手）孔位置的设置应符合下列要求：

  1 人（手）孔位置应设置在光（电）缆分支点、引上光（电）缆汇接点、坡度较大的管线拐弯处。

  2 宜在道路交叉路口或拟建地下引入线路的建筑物旁建人（手）孔。交叉路口的人（手）孔位置，宜选择在人行道或绿化地带。

  3 人（手）孔位置与其他相邻管线及管井保持距离，并相互错开。

  4 人（手）孔位置不应设置在建筑物正门前、货物堆场和低洼积水处；

  5 通信管道穿越铁道和较宽的道路时，应在其两侧设置人（手）孔。

6.8.3 人（手）孔型号宜根据终期管群容量大小按下列孔数选择：

  1 终期单一方向标准孔（孔径 90 mm）不多于 6 孔、孔径为 28 mm 或 32 mm 的多孔管不多于 12 孔容量时，宜选用手孔。

  2 终期单一方向标准孔（孔径 90 mm）不多于 12 孔、孔径为 28 mm 或 32 mm 的多孔管不多于 24 孔容量时，宜选用小号人孔。

3 终期单一方向标准孔（孔径 90 mm）不多于 24 孔、孔径为 28 mm 或 32 mm 的多孔管不多于 36 孔容量时，宜选用中号人孔。

4 终期单一方向标准孔（孔径 90 mm）不多于 48 孔、孔径为 28 mm 或 32 mm 的多孔管不多于 72 孔容量时，宜选用大号人孔。

6.8.4 人（手）孔形式按表 6.8.4 的规定选用：

表 6.8.4　人（手）孔形式表

形式		管道中心线交角	备注
直通型		<7.5°	适用于直线通信管道中间设置的人孔
斜通型	15°	7.5°～22.5°	适用于非直线折点上设置的人孔
	30°	22.5°～37.5°	
	45°	37.5°～52.5°	
	60°	52.5°～67.5°	
	75°	67.5°～82.5°	
三通型		>82.5°	适用于直线通信管道上有另一方向分歧的通信管道，其分歧点设置的人孔或局前人孔
四通型		—	适用于纵横两路通信管道交叉点上设置的人孔，或局前人孔
局前人孔		—	适用于局前人孔
手孔		—	适用于光缆线路简易塑料管道，分支引上管等

6.8.5 对于地下水位较高地段，人（手）孔建筑应做防水处理。

6.8.6 人（手）孔应采用混凝土基础，遇到土壤松软或地下水位较高时，还应增设渣石垫层和采用钢筋混凝土基础。

6.8.7 根据地下水位情况，人（手）孔的建筑程式可按表6.8.7的规定确定。

表6.8.7 人（手）孔建筑程式表

地下水情况	建筑程式
人（手）孔位于地下水位以上	砖砌人（手）孔等
人（手）孔位于地下水位以下，且在土壤冰冻层以下	砖砌人（手）孔等（加防水措施）
人（手）孔位于地下水位以下，且在土壤冰冻层以内	钢筋混凝土人（手）孔（加防水措施）

6.8.8 人（手）孔盖应有防盗、防滑、防跌落、防位移、防噪声等措施，井盖上应有明显的用途及产权标志。

7 检查井盖设计

7.1 一般规定

7.1.1 在园区道路的排水设施中，应采用同一种材料、型号的排水检查井盖及雨水箅；通信、电力等其他专业检查井应分别采用同一种材料、型号的检查井盖。以上规定包括该道路或工程项目附属的人行道、绿化带。

7.1.2 检查井盖荷载等级（图 7.1.2）应符合下列规定：

    1　第一组（最低选用 A15 级）：绿化带等完全禁止机动车或非机动车驶入的区域。

    2　第二组（最低选用 B125 级）：人行道、行人区、非机动车道、小型车停车场。

    3　第三组（最低选用 C250 级）：机动车行道靠路缘石 0.5 m 以内或非机动车道靠路缘石 0.2 m 以内区域，以及住宅小区、内街等仅有少量轻型机动车或小车行驶的区域。

    4　第四组（最低选用 D400 级）：适用于通行各类型车辆的园区道路及大型车停车场等区域。

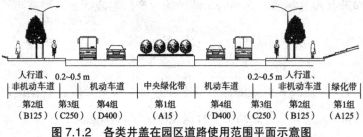

图 7.1.2　各类井盖在园区道路使用范围平面示意图

7.1.3 检查井井盖应采用下列材料制造：

1 QT500-7 球墨铸铁，应符合《球墨铸铁》GB 1348—1988 标准。

2 HT250 灰口铸铁，应符合《灰口铸铁》GB 9439—1988 标准。

3 再生树脂复合材料，应符合行业标准 CJ/T 130—2001《再生树脂复合材料检查井盖》。

4 可调式球墨铸铁，应符合行业标准《球墨铸铁可调式防沉降检查井盖》DB510100/T 203。

7.1.4 绿化带检查井井盖可采用高分子复合材料及球墨铸铁材料井盖。人行道宜采用球墨铸铁材料井盖。车行道需采用球墨铸铁材料。

7.1.5 车行道井圈和井盖应有防盗、防坠落、防位移、防噪声和易开启装置，并符合相关的技术标准和设计规范。

7.1.6 所有检查井井盖表面中间空白处必须填铸"给水""污水""雨水""消防""通信"等专业标志字样；表面上部空白处填铸规格、材料、承载等级及净开孔尺寸标志字样；表面下部空白处填铸生产厂名及制造年月（阿拉伯数字）标志字样。填铸标志、字样应清晰，高度与表面花纹一致。

7.1.7 所有检查井支座也必须铸出清晰的材料、规格、承载等级及净开孔尺寸标志，必须铸出清晰的生产厂名或标识、制造年月。

7.2 设计要求

7.2.1 为提高井框盖的加工精度和井盖本身平整度，直径误差小于 2 mm，井圈与井盖高低配合误差小于 4 mm。

7.2.2 检查井井圈应采用扩盘式井圈座，扩盘顶面带齿状物，以增大与沥青层的摩擦系数。

7.2.3 井圈与井盖之间设橡胶垫圈，避免噪声。

7.2.4 检查井井盖背面应设置三条刚性的弹簧臂，当井盖闭合时可使之与支座卡口紧扣，防止井盖脱离支座。

8 园区管网施工

8.1 基本规定

8.1.1 园区市政管网工程所采用的原材料、半成品、成品等产品的品种、规格、性能必须符合国家有关标准的规定和设计要求；严禁使用国家明令淘汰、禁用的产品。

8.1.2 从事园区管网工程的施工单位应具备相应的施工资质，施工人员应具备相应的执业资格。

8.1.3 施工单位应建立、健全施工技术、质量、安全生产等管理体系，制订各项施工管理规定，并贯彻执行。

8.1.4 施工单位应熟悉和审查施工图纸，掌握设计意图与要求，实行自审、会审（交底）和签证制度；发现施工图有疑问、差错时，应及时提出意见和建议；如需变更设计，应按照相应程序报审，经相关单位签证认定后实施。

8.1.5 施工临时设施应根据工程特点合理设置，并有总体布置方案。对不宜间断施工的项目，应有备用动力和设备。

8.1.6 施工测量应实行施工单位复核制、监理单位复测制，填写相关记录，并符合下列规定：

    1 施工前，建设单位应组织有关单位进行现场交桩，施工单位对所接桩进行复核测量；原测桩有遗失或变位时，应及时补打桩校正，并应经相应的技术质量管理部门和人员认定。

    2 临时水准点和管道轴线控制桩的设置应便于观测、不易被扰动且必须牢固，并应采取保护措施；开槽铺设管道的沿线临时水准点，每 200 m 不宜少于 1 个。

3 临时水准点、管道轴线控制桩、高程桩，必须经过复核方可使用，并应经常校核。

4 不开槽施工管道，沉管、桥管等工程的临时水准点，管道轴线控制桩，应根据施工方案进行设置，并及时校核。

5 对既有管道、构（建）筑物与拟建工程衔接的平面位置和高程，开工前必须校测。

8.1.7 施工测量的允许偏差，应符合表 8.1.6 的规定，并应满足国家现行标准《工程测量规范》GB 50026 和《城市测量规范》CJJ/T 8 的有关规定；对有特定要求的管道还应遵守其特殊规定。

表 8.1.7　施工控制测量的允许偏差

项　及　目		允许偏差
水准测量高程闭合差	平地	$\pm 20\sqrt{L}$（mm）
	山地	$\pm 6\sqrt{n}$（mm）
导线测量方位角闭合差		$40\sqrt{n}$（"）
导线测量相对闭合差	外槽施工管道	1/1000
	其他方法施工管道	1/3000
直接丈量测距的两次较差		1/5000

注：1 L 为水准测量闭合线路的长度（km）。

　　2 n 为水准或导线测量的测站数。

8.1.8 工程所用的管材、管道附件、构（配）件和主要原材料等产品进入施工现场时必须进行进场验收，并妥善保管。进场验收时应检查每批产品的订购合同、质量合格证书、性能检验报告、使用说明书、进口产品的商检报告及证件等，并按国家有关标准规定进行复验，验收合格后方可使用。

8.1.9 所用管节、半成品、构（配）件等在运输、装卸、保管和施工过程中，必须采取有效措施防止其损坏、锈蚀或变质。

8.1.10 施工单位必须遵守国家和地方政府有关环境保护的法律、法规，采取有效措施控制施工现场的各种粉尘、废气、废弃物以及噪声、振动等对环境造成的污染和危害。

8.1.11 施工单位应取得安全生产许可证，并应遵守有关施工安全、劳动保护、防火、防毒的法律、法规，建立安全管理体系和安全生产责任，确保安全施工。对不开槽施工、过江河管道或深基槽等特殊作业，应制订专项施工方案。

8.1.12 在质量检验、验收中使用的计量器具和检测设备，必须经计量检定、校准合格后方可使用。承担材料和设备检测的单位，应具备相应的资质。

8.1.13 给排水管道工程施工质量控制应符合下列要求：

　　1 各分项工程应按照施工技术标准进行质量控制，每分项工程完成后，必须进行检验。

　　2 相关各分项工程之间，必须进行交接检验，所有隐蔽分项工程必须进行隐蔽验收，未经检验或验收不合格不得进行下道分项工程。

8.1.14 管道附属设备安装前应对有关的设备基础、预埋件、预留孔的位置、高程、尺寸等进行复核。

8.1.15 施工单位应按照相应的施工技术标准对工程施工质量进行全过程控制。

8.1.16 工程须经过竣工验收合格后，方可投入使用。

8.2 施工准备工作

8.2.1 施工单位应按照合同文件、设计文件和有关标准要求,根据建设单位提供的施工界域内地下管线等构(建)筑物资料、工程水文地质资料,组织有关施工技术管理人员深入沿线调查,掌握现场实际情况,做好施工准备工作。

8.2.2 施工单位应在开工前做好下列工作:

1 认真复核施工设计图纸,编制本工程实施性施工组织设计,订立实施性施工技术细则。

2 进行施工现场测量复核,做好施工放样。

3 配备好技术工作所需要的设备、人员、器具。

4 对管理、技术人员和特殊工程的操作人员进行技术培训。

5 完成机械设备的组织调配,测试设备的配置与技术、计量鉴定。

6 完成主要材料的选择、实验、选定,半成品材料的选择、实验、选定。

7 完成施工期间施工车辆的交通组织、临时道路的铺设、交通指示标牌的设置。

8 完成既有沟渠、地下管线的保护、拆除、迁移。

9 根据需要设置施工场地安全护栏、警示灯光和照明设备。

10 应对一线施工作业人员进行施工安全交底,并做好相关记录。

8.3 开槽施工

8.3.1 开槽施工应遵循下列规定:

1 给排水管道工程的土方施工,除应符合本规程外,涉及围堰、深基（槽）坑开挖与围护、地基处理等工程，还应符合现行国家标准《给水排水构筑物工程施工及验收规范》GB 50141及国家相关标准的规定。

2 沟槽的开挖、支护方式应根据工程地质条件、施工方法、周围环境等要求进行技术经济比较，确保施工安全和环境保护要求。

3 槽底宽、槽深、分层开挖高度、各层边坡及层间留台宽度等，应方便管道结构施工，确保施工质量和安全，并尽可能减少挖方和占地。沟槽外侧应设置截水沟及排水沟，防止雨水浸泡沟槽。

4 沟槽开挖至设计高程后应由建设单位会同设计、勘察、施工、监理单位共同验槽。发现岩、土质与勘察报告不符或有其他异常情况时，由建设单位会同上述单位研究处理措施。

5 沟槽支护应根据沟槽的土质、地下水位、沟槽断面、荷载条件等因素委托有相应资质的单位进行设计，施工单位应按设计要求进行支护。

6 土石方爆破施工必须按国家有关部门的规定，由有相应资质的单位进行施工。

7 给排水管道铺设完毕并经检验合格后，应及时回填沟槽。

8 沟槽回填前，应符合下列规定：

1）预制钢筋混凝土管道的现浇筑基础的混凝土强度、水泥砂浆接口的水泥砂浆强度不应小于5 MPa。

2）现浇钢筋混凝土管渠的强度应达到设计要求。

3）混合结构的矩形或拱形管渠，砌体的水泥砂浆强度应达到设计要求。

4）井口、雨水口及其他附属构筑物的现浇混凝土强度或砌体水泥砂浆强度应达到设计要求。

5）回填时应采取防止管道发生位移或损伤的措施。

6）化学建材管道或管径大于 900 mm 的钢管、球墨铸铁管等柔性管道在沟槽回填前，应采取措施控制管道的竖向变形。

7）雨季应采取措施防止管道漂浮。

9 覆土深度低于管道安全、稳定所必需的结构厚度时，应有加强保护措施。

8.3.2 施工降排水应符合下列规定：

1 对有地下水影响的土方施工，应根据工程规模、工程地质、水文地质、周围环境等要求，制订施工降排水方案。方案应包括下列主要内容：

1）降排水量计算。

2）降排水方法的选定。

3）排水系统的平面和竖向布置，观测系统的平面布置以及抽水机械的类型和数量。

4）降水井的构造，井点系统的组合与构造，排放管渠的构造、断面和坡度。

5）电渗排水所采用的设施及电极。

6）沿线地下和地上管线、周边构（建）筑物的保护和施工安全措施。

2 设计降水深度在基坑（槽）范围内不应小于基坑（槽）底面以下 0.5 m。

3 降水井的平面布置应符合下列规定：

1）在沟槽两侧应根据计算确定采用单排或双排降水井，在沟槽端部，降水井外延长度应为沟槽宽度的 1 倍～2 倍；

2）在地下水补给方向可加密，在地下水排泄方向可减少。

4 必要时，降水达到一定深度时应进行现场抽水试验，以此验证并完善降排水方案。

5 采取明沟排水施工时，排水井宜布置在沟槽范围以外，其间距不宜大于 150 m。

6 施工降排水终止抽水后，降水井及拔除井点管所留的孔洞，应及时用砂石等填实。地下水静水位以上部分，可采用黏土填实。

7 施工单位应采取有效措施控制施工降排水对周边环境的影响。

8.3.3 沟槽开挖与支护应符合下列规定：

1 沟槽开挖与支护的施工方案应包括下列主要内容：

1）沟槽施工平面布置图及开挖断面图。

2）沟槽形式、开挖方法及堆土要求。

3）无支护沟槽的边坡要求，有支护沟槽的支撑形式、结构、支拆方法及安全措施。

4）施工设备机具的型号、数量及作业要求。

5）不良土质地段沟槽开挖时采取的护坡和防止沟槽坍塌的安全技术措施。

6）施工安全、文明施工、沿线管线及构（建）筑物保护要求等。

2 沟槽底部的开挖宽度，应符合设计要求。设计无要求时，可按下式计算确定：

$$B = D_0 + 2(b_1 + b_2 + b_3) \qquad (8.3.3)$$

式中 B——管道沟槽底部的开挖宽度（mm）；

b_1——管道一侧的工作面宽度（mm），应符合表 8.3.3-1 的规定；

b_2——有支撑要求时，管道一侧的支撑厚度；

b_3——现场浇筑混凝土或钢筋混凝土管渠一侧模板的厚度（mm）；

D_0——管外径（mm）。

表 8.3.3-1 管道一侧的工作面宽度

管道的外径 D_0	管道一侧的工作面宽度 b_1（mm）		
	混凝土类管道		金属类管道、化学建材管道
$D_0 \leq 500$	刚性接口	400	300
	柔性接口	300	
$500 < D_0 \leq 1000$	刚性接口	500	400
	柔性接口	400	
$1000 < D_0 \leq 1500$	刚性接口	600	500
	柔性接口	500	
$1500 < D_0 \leq 3000$	刚性接口	800 ~ 1000	700
	柔性接口	600	

注：1 槽底需设排水沟时，b_1 应适当增加。

　　2 管道有现场施工的外防水层时，b_1 宜取 800 mm。

　　3 采用机械回填管道侧面时，b_1 需满足机械作业的宽度要求。

3 地质条件良好、土质均匀、地下水位低于沟槽底面高程，且开挖深度在 5 m 以内、沟槽不设支撑时，沟槽边坡最陡坡度应符合表 8.3.3-2 的规定。

表 8.3.3-2 深度在 5 m 以内的沟槽边坡的最陡坡度

土的类别	边坡坡度（高：宽）		
	坡顶无荷载	坡顶有静载	坡顶有动载
中密的砂土	1：1.00	1：1.25	1：1.50
中密的碎石类土（充填物为砂土）	1：0.75	1：1.00	1：1.25
硬塑的粉土	1：0.67	1：0.75	1：1.00
中密的碎石类土（充填物为黏性土）	1：0.50	1：0.67	1：0.75
硬塑的粉质黏土、黏土	1：0.33	1：0.50	1：0.67
老黄土	1：0.10	1：0.25	1：0.33
软土（经井点降水后）	1：1.25	—	—

4 沟槽每侧临时堆土或施加其他荷载时，应符合下列规定：

1）不得影响建（构）筑物、各种管线和其他设施的安全。

2）不得掩埋消火栓、管道闸阀、雨水口、测量标志以及各种地下管道的井盖，且不得妨碍其正常使用。

3）堆土距沟槽边缘不小于 0.8 m，且高度不应超过 1.5 m；沟槽边堆置土方不得超过设计堆置高度。

5 沟槽挖深较大时，应确定分层开挖的深度，并符合下列规定：

1）人工开挖沟槽的槽深超过 3 m 时应分层开挖，每层的深度不超过 2 m。

2）人工开挖多层沟槽的层间留台宽度：放坡开槽时不应小于 0.8 m，直槽时不应小于 0.5 m，安装井点设备时不应小于 1.5 m。

3）采用机械挖槽时，沟槽分层的深度按机械性能确定。

6 采用坡度板控制槽底高程和坡度时，应符合下列规定：

1）坡度板选用有一定刚度且不易变形的材料制作，其设置应牢固。

2）对于平面上呈直线的管道，坡度板设置的间距不宜大于 15 m；对于曲线管道，坡度板间距应加密；井室位置、折点和变坡点处，应增设坡度板。

3）坡度板距槽底的高度不宜大于 3 m。

7 沟槽的开挖应符合下列规定：

1）沟槽的开挖断面应符合施工组织设计（方案）的要求。槽底原状地基上不得扰动，机械开挖时槽底预留 200 mm ~ 300 mm 土层由人工开挖至设计高程并整平。

2）槽底不得受水浸泡和受冻；槽底局部扰动或受水浸泡时，宜采用天然级配砂砾石或石灰土回填。槽底扰动土层为湿陷性黄土时，应按设计要求进行地基处理。

3）槽底土层为杂填土、腐蚀性土时，应全部挖除并按设计要求进行地基处理。

4）槽壁平顺，边坡坡度符合施工方案的规定。

5）在沟槽边坡稳固后设置供施工人员上下沟槽的安全梯道。

8 采用撑板支撑应经计算确定撑板构件的规格尺寸，且其规格、布置和施工应符合下列规定：

1）撑板厚度不宜小于 50 mm，长度不宜小于 4 m。

2）横梁或纵梁宜为方木，其断面不宜小于 150 mm × 150 mm。

3）横撑宜为圆木，其梢径不宜小于 100 mm。

4）每根横梁或纵梁不得少于 2 根横撑。

5）横撑的水平间距宜为 1.5 m~2.0 m。

6）横撑的垂直间距不宜大于 1.5 m。

7）横撑影响下管时，应有相应的替撑措施或采用其他有效的支撑结构。

8）撑板支撑应随挖土及时安装。

9）在软土或其他不稳定土层中采用横排撑板支撑时，开始支撑的沟槽开挖深度不得超过 1.0 m；开挖与支撑交替进行，每次交替的深度宜为 0.4 m~0.8 m。

10）横梁应水平，纵梁应垂直，且与撑板连接牢固。

11）横撑应水平，与横梁或纵梁垂直，且支紧、连接牢固。

12）采用横排撑板支撑，遇有柔性管道横穿沟槽时，管道下面的撑板上缘应紧贴管道安装；管道上面的撑板下缘距管道顶面不宜小于 100 mm。

13）承托翻土板的横撑必须加固，翻土板的铺设应平整，与横撑的连接应牢固。

9 采用钢板桩支撑，应符合下列规定：

1）构件的规格尺寸应经计算确定。

2）通过计算确定钢板桩的入土深度和横撑的位置与断面。

3）采用型钢作横梁时，横梁与钢板桩之间的缝应采用木板垫实，横梁、横撑与钢板连接牢固。

10 沟槽支撑应符合下列要求：

1）支撑应经常检查，明确检查人员并做好相关记录，雨期及春季解冻时期应加强检查，发现支撑构件有弯曲、松动、移位或劈裂等迹象时，应及时处理。

2）拆除支撑前，应对沟槽两侧的建筑物、构筑物和槽壁进行安全检查，并应制定拆除支撑的作业要求和安全措施。

3）施工中应保持支撑完好、稳固；如有松动应及时加固。

11 拆除撑板应符合下列要求：

1）支撑的拆除应与回填土的填筑高度配合进行，且在拆除后应及时回填。

2）对于设置排水沟的沟槽，应从两座相邻排水井的分水线向两端延伸拆除。

3）对于多层支撑沟槽，应将下层回填完成后再拆除其上层槽的支撑。

4）拆除单层密排撑板支撑时，应先回填至下层横撑底面，再拆除下层横撑，待回填至半槽以上，再拆除上层横撑；一次拆除有危险时，宜采取替换拆撑法拆除支撑。

12 拆除钢板桩应符合下列要求：

1）在回填达到规定要求高度后，方可拔除钢板桩。

2）钢板桩拔除后应及时回填桩孔。

3）回填桩孔时应采取措施填实；采用砂灌回填时，非湿陷性黄土地区可冲水助沉；有地面沉降控制要求时，宜采取边拔桩边注浆等措施。

13 铺设柔性管道的沟槽，支撑的拆除应按设计要求进行。

8.3.4 地基处理应符合下列规定：

1 管道地基应符合设计要求，管道天然地基的强度不能满足设计要求时应按设计要求加固。

2 槽底局部超挖或发生扰动时，处理应符合下列规定：

1）超挖深度不超过 150 mm 时，可用挖槽原土回填夯实，其压实度不应低于原地基土的密实度。

2）槽底地基土壤含水量较大时，应采取换填压实达到上述要求。

3 施工中因排水不良造成地基土扰动时，可按下列方法处理：

1）扰动深度在 100 mm 以内，宜换填天然级配砂石或砂砾处理并压实。

2）扰动深度在 300 mm 以内，但下部坚硬时，宜填卵石或块石，再用砾石填充空隙、找平表面并压实。

8.3.5 开槽回填应符合下列规定：

1 沟槽回填管道应符合以下规定：

1）压力管道水压试验前，除接口外，管道两侧及管顶以上回填高度不应小于 0.5 m。水压试验合格后，应及时回填沟槽的其余部分。

2）无压管道在闭水或闭气试验合格后应及时回填。

2 管道沟槽回填应符合下列规定：

1）沟槽内砖、石、木块等杂物清除干净。

2）沟槽内不得有积水。

3）保持降排水系统正常运行，不得带水回填。

3 井室、雨水口及其他附属构筑物周围回填应符合下列规定：

　　1）井室周围的回填，应与管道沟槽回填同时进行；不便同时进行时，应留台阶接茬。

　　2）井室周围回填压实时应沿井室中心对称进行，且不得漏夯。

　　3）回填材料压实后应与井壁紧贴。

　　4）路面范围内的井室周围，应采用石灰土、砂、砂砾等材料回填，其回填宽度不宜小于400 mm。

4 采用土回填时，应符合下列规定：

　　1）槽底到管顶以上500 mm范围内，土中不得含有机物、冻土以及大于50 mm的砖、石等硬块；在抹带接口处、防腐绝缘层或电缆周围，应采用细粒土回填。

　　2）冬期回填时管顶以上500 mm范围以外可均匀掺入冻土，其数量不得超过填土总体积的15%，且冻块尺寸不得超过100 mm。

　　3）回填土的含水量，宜按土类和采用的压实工具控制在最佳含水率±2%范围内。

　　4）穿越公路或市政道路范围时，其回填土压实度应与公路或市政道路一致。

5 每层回填土的虚铺厚度，应根据所采用的压实机具按表8.3.5的规定选取。

表8.3.5　每层回填土的虚铺厚度（mm）

压实机具	木夯、铁夯	轻型压实设备	压路机	振动压路机
虚铺厚度	≤200	200～250	200～300	≤400

6 回填土或其他回填材料运入槽内时不得损伤管道及其接口，并应符合下列规定：

1）根据每层虚铺厚度的用量将回填材料运至槽内，且不得在影响压实的范围内堆料。

2）管道两侧和管顶以上 500 mm 范围内的回填材料，应由沟槽两侧对称运入槽内，不得直接回填在管道上；回填其他部位时，应均匀运入槽内，不得集中推入。

3）需要拌和的回填材料，应在运入槽内前拌和均匀，不得在槽内拌和。

7　回填作业每层土的压实遍数，应按压实度要求、压实工具、虚铺厚度和含水量，经现场试验确定。

8　采用重型压实机械压实或较重车辆在回填土上行驶时，管道顶部以上应有一定厚度的压实回填土，其最小厚度应按压实机械的规格和管道的设计承载力，通过计算确定。

9　软土、湿陷性黄土、膨胀土、冻土等地区的沟槽回填，应符合设计要求和当地工程标准规定。

10　刚性管道沟槽回填的压实作业应符合下列规定：

1）回填压实应逐层进行，且不得损伤管道。

2）管道两侧和管顶以上 500 mm 范围内胸腔夯实，应采用轻型压实机具，管道两侧压实面的高差不应超过 300 mm。

3）管道基础为土弧基础时，应填实管道支撑角范围内腋角部位；压实时，管道两侧应对称进行，且不得使管道位移或损伤。

4）同一沟槽中有双排或多排管道的基础底面位于同一高程时，管道之间的回填压实应与管道与槽壁之间的回填压实对称进行。

5）同一沟槽中有双排或多排管道但基础底面的高程不同时，应先回填基础较低的沟槽，回填至较高基础底面高程后，再按上一款规定回填。

6）分段回填压实时，相邻段的接茬应呈台阶形，且不得漏夯。

7）采用轻型压实设备时，应夯夯相连，采用压路机时，碾压的重叠宽度不得小于 200 mm。

8）采用压路机、振动压路机等压实机械压实时，其行驶速度不得超过 2 km/h。

9）接口工作坑回填时底部凹坑应先回填压实至管底，然后与沟槽同步回填。

11 柔性管道的沟槽回填作业应符合下列规定：

1）回填前，检查管道有无损伤或变形，有损伤的管道应修复或更换。

2）管内径大于 800 mm 的柔性管道，回填施工时应在管内设有竖向支撑。

3）管基有效角范围应采用中粗砂填充密实，与管壁紧密接触，不得用土或材料填充；

4）管道半径以下回填时应采取防止管道上浮、位移的措施。

5）管道回填时间宜在一昼夜中气温最低时段，从管道两侧同时回填，同时夯实。

6）沟槽回填从管底基础部位开始到管顶以上 500 mm 范围内，必须采用人工回填；管顶 500 mm 以上部位，可用机械从管道轴线两侧同时夯实。每层回填高度应不大于 200 mm。

7）管道位于车行道下，铺设后即修筑路面或管道位于软土地层以及低洼、沼泽、地下水位高地段时，沟槽回填宜先用中、粗砂将管底腋角部位填充密实后，再用中、粗砂分层回填到管顶以上 500 mm。

8）回填作业的现场试验段长度应为一个井段或不少于 50 m，因工程因素变化改变回填方式时，应重新进行现场试验。

12 柔性管道回填至设计高程时，应在 12 h ~ 24 h 内测量并记录管道变形率，管道变形率应符合设计要求，设计无要求时，钢管或球墨铸铁管道变形率应不超过 2%，化学建材管道变形率应不超过 3%，当超过时，应采取下列处理措施：

1）当钢管或球墨铸铁管道变形率超过 2%但不超过 3%、化学建材管道变形率超过 3%但不超过 5%时，应挖出回填材料至露出管径85%处，管道周围内应采取人工挖掘方式施工以避免损伤管壁。挖出管节局部有损伤时，应进行修复或更换，重新夯实管道底部的回填材料，选用适合的回填材料重新回填施工，直至设计高程，并按本条规定重新检测管道变形率。

2）钢管或球墨铸铁管道的变形率超过 3%、化学建材管道变形率超过 5%时，应挖出管道并会同设计单位研究处理。

8.4 开槽施工管道安装

8.4.1 开槽施工管道安装应符合下列规定：

1 管道各部位结构和构造形式、所用管节、管件及主要工程材料等应符合设计要求。

2 管节和管件装卸、运输时应轻装轻放，垫稳、绑牢，不得相互撞击，接口及钢管的内外防腐层应采取保护措施。金属管、化学建材管及管件吊装时，应采用柔韧的绳索、兜身吊带或专用工具，采用钢丝绳或铁链时不得直接接触管节。

3 管节堆放宜选用平整、坚实的场地。堆放时必须垫稳，防止滚动，堆放层高可按照产品技术标准或生产厂家的要求设置，如无相应要求时应符合表 8.4.1-1 的规定。使用管节时必须自上而下依次搬运。

4 橡胶圈贮存、运输应符合下列规定：

　　1）贮存的温度宜为 – 5 ℃ ~ 30 ℃，存放位置不宜长期受紫外线光源照射，离热源距离应不小于 1 m。

　　2）不得将橡胶圈与溶剂、易挥发物、油脂或对橡胶产生不良影响的物品放在一起。

　　3）在贮存、运输中不得长期受挤压。

5 起重机下管时，起重机架设的位置不得影响沟槽边坡的稳定。起重机在架空高压输电线路附近作业时，与线路间的安全距离应符合管理部门的规定。

6 管道应在沟槽地基、管基质量检验合格后安装。安装时宜自下游开始，承插口管安装应将插口顺水流方向，承口逆水流方向，由下游向上游依次安装。

表 8.4.1-1　管节堆放层数与层高

管材种类	管外径 D_0（mm）							
	100 ~ 150	200 ~ 250	300 ~ 400	400 ~ 500	500 ~ 600	600 ~ 700	800 ~ 1200	≥1400
自应力混凝土管	7 层	5 层	4 层	3 层	—	—	—	—
预应力混凝土管	—	—	—	—	4 层	3 层	2 层	1 层
钢管、球墨铸铁管	层高≤3 m							
预应力钢筒混凝土管	—	—	—	—	—	3 层	2 层	1 层或立放
硬聚氯乙烯管、聚乙烯管	8 层	5 层	4 层	4 层	3 层	3 层	—	—
玻璃钢管	—	7 层	5 层	4 层	—	3 层	2 层	1 层

7 接口工作坑应配合管道铺设及时开挖，开挖尺寸应符合施工方案的要求，并满足下列规定：

1） 对于预应力、自应力混凝土管以及滑入式柔性接口球墨铸铁管，应符合表 8.4.1-2 的规定。

表 8.4.1-2　接口工作坑开挖尺寸（mm）

管材种类	管外径 D_0	宽度		长度		深度
				承口前	承口后	
预应力、自应力混凝土管、滑入式柔性接口球墨铸铁管	≤500	承口外径加	800	200	承口长度加 200	200
	600～1000		1000			400
	1100～1500		1600			450
	＞1600		1800			500

2） 对于钢管焊接接口、球墨铸铁管机械式柔性接口及法兰接口，接口处开挖尺寸应满足操作人员和连接工具的安装作业空间要求，并便于检验人员的检查。

8 管节下入沟槽时，不得与槽壁支撑及槽下的管道相互碰撞，沟内运管不得扰动原装地基。

9 同槽施工时，应先安装埋设较深的管道，当回填土高程与邻近管道基础高程相同时，再安装相邻的管道。

10 管道安装时，应将管节的中心及高程逐节调整正确，安装后的管节应进行复测，合格后方可进行下一工序的施工。

11 管道安装时，应随时清除管道内的杂物，暂时停止安装时，两端应临时封堵。

12 雨期施工应合理缩短开槽长度，及时砌筑检查井，已安装的管道验收后应及时回填。

13 高寒地区冬期施工不得使用冻硬的橡胶圈。

14 安装柔性接口的管道，其纵坡大于18%时，或安装刚性接口的管道，其纵坡大于36%时，应采取防止管道下滑的措施。

15 压力管道上的阀门，安装前应逐个进行启闭检验。

16 钢管内、外防腐层遭受损伤或局部未做防腐层的部位，下管前应修补，修补的质量应符合《给水排水管道工程施工及验收规范》GB 50268 的有关规定。

17 露天或埋设在对橡胶圈有腐蚀作用的土质及地下水中的柔性接口，应采用对橡胶圈无不良影响的柔性密封材料，封堵外露橡胶圈的接口缝隙。

18 污水和雨、污水合流的金属管道内表面，应按国家有关规范的规定和设计要求进行防腐层施工。

19 管道与法兰接口两侧相邻的第一至第二个刚性接口或焊接接口，待法兰螺栓紧固后方可施工。

8.4.2 管道基础施工应符合下列规定：

1 管道基础采用原状地基时，施工应符合下列规定：

1) 原状土地基局部超挖或扰动时应按本规程第 8.3.4 条的有关规定进行处理。岩石地基局部超挖时，应将基底碎渣全部清理完毕后，用低强度等级混凝土或粒径 10 mm～15 mm 的砂石回填夯实。

2） 原状地基为岩石或坚硬土层时，管道下方应铺设砂垫层，其厚度应符合表 8.4.2-1 的规定。

表 8.4.2-1　砂垫层厚度（mm）

管道种类/管外径	垫层厚度		
	$D_0 \leqslant 500$	$500 < D_0 \leqslant 1000$	$D_0 > 1000$
柔性管道	$\geqslant 100$	$\geqslant 150$	$\geqslant 200$
柔性接口的刚性管道	$150 \sim 200$		

　　3）管道不得铺设在冻结的地基上，管道安装过程中，应防止地基冻胀。

　　2　混凝土基础施工应符合下列规定：

　　1）平基与管座的模板，可一次或两次支设，每次支设高度宜略高于混凝土的浇筑高度。

　　2）平基、管座的混凝土设计无要求时，宜采用强度等级不低于 C20 的低坍落度混凝土。

　　3）管座与平基分层浇筑时，应先将平基凿毛冲洗干净，并将平基与管体相接触的腋角部位，用同强度等级的水泥砂浆填满、捣实后，再浇筑混凝土，使管体与管座混凝土结合严密。

　　4）管座与平基采用垫块法一次浇筑时，必须先从一侧灌注混凝土，对侧的混凝土高过管底与灌注侧混凝土高度相同时，两侧再同时浇筑，并保持两侧混凝土高度一致。

　　5）管道基础应按设计要求留变形缝，变形缝的位置应与柔性接口相一致。

　　6）管道平基与井室基础宜同时浇筑，跌落水井上游接近井基础的一段应砌砖加固，并将平基混凝土浇至井基础边缘。

　　7）混凝土浇筑中应防止离析，浇筑后应进行养护，强度低于 1.2 MPa 时不得承受荷载。

    3 砂石基础施工应符合下列规定：

    1）铺设前应先对槽底进行检查，槽底高程及槽宽须符合设计要求，且不应有积水和软泥；

    2）柔性管道的基础结构设计无要求时，宜铺设厚度不小于 100 mm 的中粗砂垫层，软土地基宜铺垫一层厚度不小于 150 mm 的砂砾或 5 mm ~ 40 mm 粒径碎石，其表面再铺厚度不小于 50 mm 的中、粗砂垫层；

    3）柔性接口的刚性管道的基础结构，设计无要求时一般土质地段可铺设砂垫层，亦可铺设 25 mm 以下粒径碎石，表面再铺 20 mm 厚的砂垫层（中、粗砂），垫层总厚度应符合表 8.4.2-2 的规定：

表 8.4.2-2   柔性接口刚性管道砂石垫层总厚度（mm）

管径	300 ~ 800	900 ~ 1200	1350 ~ 1500
垫层总厚度	150	200	250

    4）管道有效支承角范围必须用中、粗砂填充插捣密实，与管底紧密接触，不得用其他材料填充。

8.4.3 给水管道安装应符合下列规定：

    1 金属管道安装应符合现行国家标准《工业金属管道工程施工及验收规范》GB 50235、《现场设备、工业管道焊接工程施工及验收规范》GB 50236 的规定。

    2 金属管节的材料、规格、压力等级等应符合设计要求，管节宜在工厂预制，现场加工应保证管节表面无斑疤、裂纹、严重锈蚀等缺陷，焊缝质量应符合《给水排水管道工程施工及验收规范》

GB 50268 的有关规定。

3 金属管道安装前，管节应逐根测量、编号。宜选用管径相差最小的管节组对对接。

4 钢管管体的内外防腐层宜在工厂内完成，现场连接的补口应按设计要求处理。

5 金属管下管前应先检查管节的内外防腐层，合格后方可下管。沟槽内的管道，其补口防腐层应经检验合格后方可回填。

6 金属管管节组成管段下管时，管段的长度、吊距，应根据管径、壁厚、外防腐层材料的种类及下管方法确定。

7 金属管管弯起弯点至接口的距离不得小于管径，且不得小于 100 mm。

8 金属管管道直线管段不宜采用长度小于 800 mm 的短节拼接。

9 直焊缝卷金属管管节几何尺寸允许偏差应符合表 8.4.3 的规定。

表 8.4.3　直焊缝卷管管节几何尺寸的允许偏差

项目		允许偏差（mm）
周长	$D \leqslant 600$	± 2.0
	$D > 600$	± 0.0035D
圆度		管端 0.005D；其他部位 0.01D
端面垂直度		0.01D，且不大于 1.5
弧度		用弧长 πD/6 的弧形板量测于管内壁或外壁纵缝处形成的间隙，其间隙为 0.1t ＋2，且不大于 4，距管端 200 mm 纵缝处的间隙不大于 2

注：D——管孔内经（mm）。

8.4.4 给水金属管对口应符合下列规定：

1 金属管对口时应使内壁齐平，错口的允许偏差应为壁厚 t

的 20%，且不得大于 2 mm。

2 金属管对口时纵、环向焊缝的位置应符合下列规定：

1）纵向焊缝应放在管道中心垂线上半圆的 45°左右处。

2）纵向焊缝应错开，管径小于 600 mm 时，错开的间距不得小于 100 mm，管径大于或等于 600 mm 时，错开的间距不得小于 300 mm。

3）有加固环的钢管，加固环的对焊焊缝应与管节纵向焊缝错开，其间距不应小于 100 mm，加固环距管节的环向焊缝不应小于 50 mm。

4）环向焊缝距支架净距离不应小于 100 mm。

5）直管管段两相邻环向焊缝的间距不应小于 200 m，并不应小于管节的外径。

6）管道任何位置不得有十字形焊缝。

3 金属管不同壁厚的管节对口时，管壁厚度相差不宜大于 3 mm。不同管径的管节相连时，两管径相差大于小管管径的 15%时，可用渐缩管连接。渐缩管的长度不应小于两管径差值的 2 倍，且不应小于 200 mm。

8.4.5 给水金属管管道开孔应符合下列要求：

1 不得在干管的纵向、环向焊缝处开孔。

2 管道上任何位置不得开方孔。

3 不得在短节上或管件上开孔。

4 开孔处的加固补强应符合设计要求。

8.4.6 给水金属管焊接应符合下列规定：

1 对首次采用的钢材、焊接材料、焊接方法或焊接工艺，施工单位必须在施焊前按设计要求和有关规定进行焊接试验，并应根据试验结果编制焊接工艺指导书。

2 焊工必须按规定经相关部门考试合格后持证上岗，并应根据经过评定的焊接工艺指导书进行施焊。

3 焊缝外观质量应符合表 8.4.6-1 的规定，焊缝应经无损检验合格。

表 8.4.6–1　焊缝的外观质量

项目	技术要求
外观	不得有熔化金属流到焊缝外未熔化的母材上，焊缝和热影响区表面不得有裂纹、气孔、弧坑和灰渣等缺陷，表面光顺、均匀，焊缝与母材应平缓过渡
宽度	应焊出坡口边缘 2 mm ~ 3 mm
表面余高	应小于或等于 1 + 0.2 倍坡口边缘宽度，且不大于 4 mm
咬边	深度应小于或等于 0.5 mm，焊缝两侧咬边总长不得超过焊缝长度的 10%，且连续长不应大于 100 mm
错边	应小于或等于 0.2t，且不应大于 2 mm
未焊满	不允许

注：t——管道壁厚（mm）。

4 焊接方式应符合设计和焊接工艺评定的要求，管径大于 800 mm 时，应采用双面焊。

5 同一金属管节允许有两条纵向焊缝，管径大于或等于 600 mm 时，纵向焊缝的间距应大于 300 mm，管径小于 600 mm 时，其间距应大于 100 mm。

6 金属管管节组对焊接时应先修口、清根，管端端面的坡口角度、钝边、间隙，应符合设计要求，设计无要求时应符合表 8.4.6-2 的规定。不得在对口间隙夹焊帮条或用加热法缩小间隙施焊。

表 8.4.6–2　电弧焊管端倒角各部尺寸

倒角形式		间隙 b（mm）	钝边 p（mm）	坡口角度 α（°）
图示	壁厚 t（mm）			
	4～9	1.5～3.0	1.0～1.5	60～70
	10～26	2.0～4.0	1.0～2.0	60±5

7　组合钢管固定口焊接及两管段间的闭合焊接，应在无阳光直照和气温较低时施焊。采用柔性接口代替闭合时，应与设计单位协商确定。

8　沟槽内焊接时，应采取有效技术措施保证管道底部的焊缝质量。

9　在寒冷或恶劣环境下焊接应符合下列规定：

1）焊前应清除管道上的冰、雪、霜等。

2）工作环境的风力大于 5 级、雪天或相对湿度大于 90%时，应采取保护措施。

3）焊接时，应使焊缝可自由伸缩，并应使焊口缓慢降温。

4）冬期焊接时，应根据环境温度进行预热处理，并应符合表 8.4.6-3 的规定。

表 8.4.6–3　冬期焊接预热的规定

钢号	环境温度（℃）	预热宽度（mm）	预热达到温度（℃）
含碳量≤0.2%（碳素钢）	≤ - 20	焊口每侧不小于 40	100～150
0.2% < 含碳量 < 0.3%	≤ - 10		
16 Mn	≤0		100～200

10 钢管对口检查合格后，方可进行接口定位焊接。定位焊接采用点焊时，应符合下列规定：

1）点焊焊条应采用与接口焊接相同的焊条。

2）点焊时，应对称施焊，其焊缝厚度应与第一层焊接厚度一致。

3）钢管的纵向焊缝及焊缝处不得点焊。

4）点焊长度与间距应符合表 8.4.6-4 的规定。

表 8.4.6–4　点焊长度与间距

管外径 D_0（mm）	点焊长度（mm）	环向点焊点（处）
350～500	50～60	5
600～700	60～70	6
≥800	80～100	点焊间距不宜大于 400 mm

11 管道对接环向焊缝的检验应符合下列规定：

1）检查前应清除焊缝的渣皮、飞溅物。

2）应在无损检测前进行外观质量检查，并应符合本规程表 8.4.6-1 的规定。

3）无损探伤检测方法应按设计要求选用。

4）无损检测取样数量与质量要求应按设计要求执行，设计无要求时，压力管道的取样数量应不小于焊缝量的 10%。

5）不合格的焊缝应返修，返修次数不得超过 3 次。

8.4.7 给水钢管采用螺纹连接时，应符合下列规定：

1 管节的切口断面应平整，偏差不得超过一扣。

2 丝扣应光洁，不得有毛刺、乱扣、断扣，缺扣总长不得超过丝扣全长的 10%。

3 接口紧固后宜露出 2 扣 ~ 3 扣螺纹。

8.4.8 给水金属管管道采用法兰连接时，应符合下列规定：

1 法兰应与管道保持同心，两法兰间应平行。

2 螺栓应使用相同规格，且安装方向应一致；螺栓应对称紧固，紧固好的螺栓应露出螺母之外。

3 与法兰接口两侧相邻的第一至第二个刚性接口或焊接接口，待法兰螺栓紧固后方可施工。

4 法兰接口埋入土中时，应采取防腐措施。

8.4.9 给水钢管管体内防腐层应符合下列规定：

1 钢管管体水泥砂浆内防腐层在达到下列要求后方可施工：

1）管道内壁的浮锈、氧化皮、焊渣、油污等，应彻底清除干净；焊缝突起高度不得大于防腐层设计厚度的 1/3。

2）现场施作内防腐的管道，应在管道试验、土方回填验收合格，且管道变形基本稳定后进行。

3）内防腐层的材料质量应符合设计要求。

2 钢管管体水泥砂浆内防腐层施工应符合下列规定：

1）水泥砂浆内防腐层可采用机械喷涂、人工抹压、拖筒或离心预制法施工。工厂预制时，在运输、安装、回填土过程中，不得损坏水泥砂浆内防腐层。

2）管道端点或施工中断时，应预留搭茬。

3）水泥砂浆抗压强度应符合设计要求，且不应低于 30 MPa。

4）采用人工抹压法施工时，应分层抹压。

5）水泥砂浆内防腐层成形后，应立即将管道封堵，终凝后进行潮湿养护，普通硅酸盐水泥砂浆养护时间不应少于 7 d，矿渣硅酸盐水泥砂浆不应少于 14 d，通水前应继续封堵，保持湿润。

6）水泥砂浆内防腐层厚度应符合表 8.4.9 的规定。

表 8.4.9　钢管水泥砂浆内防腐层厚度要求（mm）

管内径 D	厚度	
	机械喷涂	手工涂抹
500 ~ 700	8	—
800 ~ 1000	10	—
1100 ~ 1500	12	14
1600 ~ 1800	14	16
2000 ~ 2200	15	17
2400 ~ 2600	16	18
2600 以上	18	20

3　液体环氧涂料内防腐层在达到下列要求后方可施工：

1）宜采用喷（抛）射除锈，除锈等级应不低于《涂装前钢材表面锈蚀等级和除锈等级》GB/T 8923 中规定的 Sa2 级；内表面经喷（抛）射处理后，应用清洁、干燥、无油的压缩空气将管道内部的砂料、尘埃、锈粉等微尘清除干净。

2）管道内表面处理后，应在钢管两端 60 mm ~ 100 mm 范围内涂刷硅酸锌或其他可焊性防锈涂料，干膜厚度为 20 μm ~ 40 μm。

3）内防腐层的材料质量应符合设计要求。

4　液体环氧涂料内防腐层施工应符合下列规定：

1）应按涂料生产厂家产品说明书的规定配制涂料，不宜加稀释剂。

2）涂料使用前应搅拌均匀。

3）宜采用高压无气喷涂工艺，在工艺条件受限时，可采用空气喷涂或挤涂工艺。

4）应在调整好工艺参数且稳定后，方可正式涂敷，防腐层应平整、光滑，无流挂、无划痕等，涂敷过程中应随时监测湿膜厚度。

5）环境相对湿度大于 85%时，应对钢管进行除湿后方可作业，严禁在雨、雪、雾及风沙等气候条件下露天作业。

8.4.10 给水钢管管体外防腐层应符合下列规定：

1 埋地管道外防腐层应符合设计要求，其构造应符合表8.4.10-1、表 8.4.10-2 及表 8.4.10-3 的规定。

表 8.4.10–1　石油沥青涂料外防腐层构造

材料种类	普通级（三油二布）		加强级（四油三布）		特加强级（五油四布）	
	构造	厚度(mm)	构造	厚度(mm)	构造	厚度(mm)
石油沥青涂料	（1）底料一层 （2）沥青（厚度≥1.5 mm） （3）玻璃布一层 （4）沥青（厚度1.0 mm～1.5 mm） （5）玻璃布一层 （6）沥青（厚度1.0 mm～1.5 mm） （7）聚氯乙烯工业薄膜一层	≥4.0	（1）底料一层 （2）沥青（厚度≥1.5 mm） （3）玻璃布一层 （4）沥青（厚度1.0 mm～1.5 mm） （5）玻璃布一层 （6）沥青（厚度1.0 mm～1.5 mm） （7）玻璃布一层 （8）沥青（厚度1.0 mm～1.5 mm） （9）聚氯乙烯工业薄膜一层	≥5.5	（1）底料一层 （2）沥青（厚度≥1.5 mm） （3）玻璃布一层 （4）沥青（厚度1.0 mm～1.5 mm） （5）玻璃布一层 （6）沥青（厚度1.0 mm～1.5 mm） （7）玻璃布一层 （8）沥青（厚度1.0 mm～1.5 mm） （9）玻璃布一层 （10）沥青（厚度1.0 mm～1.5 mm） （11）聚氯乙烯工业薄膜一层	≥7.0

表 8.4.10–2　环氧煤沥青涂料外防腐层构造

材料种类	普通级（三油）		加强级（四油一布）		特加强级（六油二布）	
	构造	厚度（mm）	构造	厚度（mm）	构造	厚度（mm）
环氧煤沥青涂料	（1）底料 （2）面料 （3）面料 （4）面料	≥0.3	（1）底料 （2）面料 （3）面料 （4）玻璃布 （5）面料 （6）面料	≥0.4	（1）底料 （2）面料 （3）面料 （4）玻璃布 （5）面料 （6）面料 （7）玻璃布 （8）面料 （9）面料	≥0.6

表 8.4.10–3　环氧树脂玻璃钢外防腐层构造

材料种类	加强级	
	构造	厚度（mm）
环氧树脂玻璃钢	（1）底层树脂 （2）面层树脂 （3）玻璃布 （4）面层树脂 （5）玻璃布 （6）面层树脂 （7）面层树脂	≥3

2　石油沥青涂料外防腐层施工应符合下列规定：

1）涂底料前管体表面应清除油垢、灰渣、铁锈。人工除氧化皮、铁锈时，其质量标准应达 St3 级，喷砂或化学除锈时，其质量标准应达 Sa2.5 级。

2）涂底料时基面应干燥，基面除锈后与涂底料的间隔时间不得超过 8 h。涂刷应均匀、饱满，涂层不得有凝块、起泡现象，底料厚度宜为 0.1 mm～0.2 mm，管两端 150 mm～250 mm 范围内不得涂刷。

3）沥青涂料熬制温度宜在 230 ℃ 左右，最高温度不得超过 250 ℃，熬制时间宜控制在 4 h～5 h，每锅料应抽样检查，其性能应符合表 8.4.10-4 的规定。

表 8.4.10-4　石油沥青涂料性能

项目	软化点（环球法）	针入度（25 ℃、100g）	延度（25 ℃）
性能指标	≥125 ℃	5～20（1/10 mm）	≥10 mm

注：软化点、针入度、延度的试验方法应符合国家相关标准规定。

4）沥青涂料应涂刷在洁净、干燥的底料上，常温下刷沥青涂料时，应在涂底料后 24 h 之内实施，沥青涂料涂刷温度以 200 ℃～230 ℃ 为宜。

5）涂沥青后应立即缠绕玻璃布，玻璃布的压边宽度应为 20 mm～30 mm，接头搭接长度应为 100 mm～150 mm，各层搭接接头应相互错开，玻璃布的油浸透率应达到 95%，不得出现大于 50 mm×50 mm 的空白，管端或施工中断处应留出长 150 mm～250 mm 的缓坡型搭茬。

6）包扎聚氯乙烯膜保护层作业时，不得有褶皱、脱壳现象，压边宽度应为 20 mm～30 mm，搭接长度应为 100 mm～150 mm。

7）沟槽内管道接口处施工，应在焊接、试压合格后进行，接茬处应黏结牢固、严密。

3 环氧煤沥青外防腐层施工应符合下列规定：

1）管节表面应符合本规程 8.4.10 条 2 款的规定；焊接表面应光滑无刺、无焊瘤、无棱角。

2）应按产品说明书的规定配制涂料。

3）底料应在表面除锈合格后尽快涂刷，空气湿度过大时，应立即涂刷，涂刷应均匀，不得漏涂，管两端 100 mm～150 mm 范围内不涂刷，或在涂底料之前，在该部位涂刷可焊涂料或硅酸锌涂料，干膜厚度不应小于 25 μm。

4）面料涂刷和包扎玻璃布，应在底料表干后、固化前进行，底料与第一道面料涂刷的间隔时间不得超过 24 h。

4　雨期、冬期石油沥青及环氧煤沥青涂料外防腐层施工应符合下列规定：

1）环境温度低于 5 ℃ 时，不宜采用环氧煤沥青涂料。采用石油沥青涂料时，应采取冬期施工措施，环境温度低于 –15 ℃ 或相对湿度大于 85% 时，未采取措施不得进行施工。

2）不得在雨、雾、雪或 5 级以上大风环境露天施工。

3）已涂刷石油沥青防腐层的管道，火热天气下不宜直接受阳光照射。冬期气温等于或低于沥青涂料脆化温度时，不得起吊、运输和铺设。脆化温度试验应符合现行国家标准《石油沥青脆点测定法　弗拉斯法》GB/T 4510 的规定。

5　环氧树脂玻璃钢外防腐层施工应符合下列规定：

1）管节表面应符合本规程 8.4.10 条 2 款的规定；焊接表面应光滑无刺、无焊瘤、无棱角。

2）应按产品说明书的规定配制环氧树脂。

3）现场施工可采用手糊法，具体可分为间断法或连续法。

4）间断法每次铺衬间断时应检查玻璃布衬层的质量，合格后再涂刷下一层。

5）连续法作业应连续铺衬到设计要求的层数或厚度，并应自然养护 24 h，然后进行面层树脂的施工。

6）玻璃布除刷涂树脂外，可采用玻璃布的树脂浸揉法。

7）环氧树脂玻璃钢的养护期不应少于 7 d。

6 外防腐层的外观、厚度、电火花试验、黏结力应符合设计要求，设计无要求时应符合表 8.4.10-5 的规定。

表 8.4.10-5　外防腐层的外观、厚度、电火花试验、黏结力的技术要求

材料种类	防腐等级	构造	厚度（mm）	外观	电火花试验		黏结力
石油沥青涂料	普通级	三油二布	≥4.0	外观均匀无褶皱、空泡、凝块	16 kV	用电火花检漏仪检查无打火花现象	以夹角为 45°～60°、边长 40 mm～50 mm 的切口，从角尖端撕开防腐层，首层沥青层应 100% 地黏附在管道的外表面
	加强级	四油三布	≥5.5		18 kV		
	特加强级	五油四布	≥7.0		20 kV		
环氧煤沥青涂料	普通级	三油	≥0.3		2 kV		以小刀割开一舌形切口，用力撕开切口处的防腐层，管道表面仍为漆皮所覆盖。不得露出金属表面
	加强级	四油一布	≥0.4		2.5 kV		
	特加强级	六油二布	≥0.6		3 kV		
环氧树脂玻璃钢	加强级	—	≥3	外观平整光滑、色泽均匀，无脱层、起壳和固化不完全等缺陷	3 kV～3.5 kV		以小刀割开一舌形切口，用力撕开切口处的防腐层，管道表面仍为漆皮所覆盖，不得露出金属表面

注：聚氨酯（PU）外防腐涂层可按本规程附录 E 选择。

8.4.11 给水金属管阴极保护应符合下列规定：

1 阴极保护施工应与管道施工同步进行。

2 阴极保护系统的阳极的种类、性能、数量、分布与连接方式、测试装置和电源设备均应符合国家有关标准的规定和设计要求。

3 牺牲阳极保护法的施工应符合下列规定：

1）根据工程条件确定阳极施工方式，立式阳极宜采用钻孔法施工，卧式阳极宜采用开槽法施工。

2）牺牲阳极使用之前，应对表面进行处理，清除表面的氧化膜及油污。

3）阳极连接电缆的埋设深度不应小于 0.7 m，四周应垫有 50 mm～100 mm 厚的细砂，砂的顶部应覆盖水泥护板或砖，敷设电缆要留有一定富余量。

4）阳极电缆可以直接焊接到被保护管道上，也可通过测试桩中的连接片相连。与钢质管道相连接的电缆应采用铝热焊接技术，焊点应重新进行防腐绝缘处理，防腐材料、等级应与原有覆盖层一致。

5）电缆和阳极钢芯宜采用焊接连接，双边焊缝长度不得小于 50 mm。电缆与阳极钢芯焊接后，应采取防止连接部位断裂的保护措施。

6）阳极端面、电缆连接部位及钢芯均要防腐、绝缘。

7）填料包可在室内或现场包装，其厚度不应小于 50 mm，并应保证阳极四周的填料包厚度一致、密实，预包装的袋子须用棉麻织品，不得使用人造纤维织品。

8）填包料应调拌均匀，不得混入石块、泥土、杂草等。阳极埋地后应充分灌水，并达到饱和。

9）阳极埋设位置一般距管道外壁 3 m～5 m，不宜小于 0.3 m，埋设深度（阳极顶部距地面）不应小于 1 m。

4 外加电流阴极保护法的施工应符合下列规定：

1）联合保护的平等管道可同沟敷设，均压线间距和规格应根据管道电压降、管道间距离及管道防腐层质量等因素综合考虑。

2）非联合保护的平等管道间距，不宜小于 10 m，间距小于

10 m时,后施工的管道及其两端各延伸10 m的管段做加强级防腐层。

3）被保护管道与其他地下管道交叉时，两者间垂直净距不应小于0.3 m，小于0.3 m时，应设有紧固的绝缘隔离物，并应在交叉点两侧各延伸10 m以上的管段上做加强级防腐层。

4）被保护管道与埋设通信电缆平行敷设时，两者间距离不宜小于10 m，小于10 m时，后施工的管道及其两端各延伸10 m的管段做加强级防腐层。

5）被保护管道与供电电缆交叉时，两者间垂直净距不应小于0.5 m，同时应在交叉点两侧各延伸10 m以上的管道和电缆段上做加强级防腐层。

5 阴极保护绝缘处理应符合下列规定：

1）绝缘垫片应在干净、干燥的条件下安装，并应配对供应或在现场扩孔。

2）法兰面应清洁、平直、无毛刺并正确定位。

3）在安装绝缘套筒时，应确保法兰准直，除一侧绝缘的法兰外，绝缘套筒长度应包括两个垫圈的厚度。

4）连接螺栓在螺母下应设有绝缘垫圈。

5）绝缘法兰组装后应对装置的绝缘性能按现行行业标准《埋地钢质管道阴极保护参数测试方法》SY/T 0023进行检测。

6）阴极保护系统安装后，应按现行行业标准《埋地钢质管道阴极保护参数测试方法》SY/T 0023的规定进行测试，测试结果应符合规范的规定和设计要求。

8.4.12 给水球墨铸铁管安装应符合下列规定：

1 球墨铸铁管管节及管件的规格、尺寸公差、性能应符合国家有关标准规定和设计要求，进入施工现场时其外观质量应符合下列规定：

1）管节及管件表面不得有裂纹，不得有妨碍使用的凹凸不平的缺陷；

2）采用橡胶圈柔性接口的球墨铸铁管，承口的内工作面和插口的外工作面应光滑、轮廓清晰，不得有影响接口密封性的缺陷。

2 球墨铸铁管管节及管件下沟槽前，应清除承口内部的油污、飞刺、铸砂及凹凸不平的铸瘤。柔性接口铸铁管及管件承口的内工作面、插口的外工作面应修整光滑，不得有沟槽、凸脊缺陷。有裂纹的管节及管件不得使用。

3 沿直线安装球墨铸铁管道时，宜选用管径公差组合最小的管节组对连接，确保接口的环向间隙应均匀。

4 球墨铸铁管采用滑入式或机械式柔性接口时，橡胶圈的质量、性能、细部尺寸，应符合国家有关球墨铸铁管及管件标准的规定，并应由管材厂配套供应，外观光滑平整，无裂缝、破损、气孔、重皮等缺陷，材质符合相应规范要求。

5 球墨铸铁管道橡胶圈安装经检验合格后，方可进行管道安装。

6 安装滑入式橡胶圈接口时，推入深度应达到标记环，并复查与相邻已安好的第一至第二个接口的推入深度。

7 安装机械式柔性接口时，应使插口与承口法兰压盖的轴线相重合，螺栓安装方向应一致，用扭矩扳手均匀、对称地紧固。

8 管道沿曲线安装时，接口的允许转角应符合表 8.4.12 的规定。

表 8.4.12　球墨铸铁管道沿曲线安装接口的允许转角

管内径 D（mm）	75～600	700～800	≥900
允许转角（°）	3	2	1

8.4.13 给水玻璃钢管安装应符合下列规定：

1 安装玻璃钢管管件的规格、性能应符合国家有关标准的规定和设计要求，进入施工现场时其外观质量应符合下列规定：

1）内、外径偏差、承口深度（安装标记环）、有效长度、管壁厚度、管端面垂直度应符合产品标准规定。

2）内、外表面应光滑平整，无划痕、分层、针孔、杂质、破碎等现象。

3）管端面应平齐，无毛刺等缺陷。

4）橡胶圈应由管材厂配套供应，外观光滑平整，无裂缝、破损、气孔、重皮等缺陷，材质符合相应规范要求。

2 玻璃钢管的接口连接、管道安装应符合下列规定：

1）采用套筒式连接的，应清除套筒内侧和插口外侧的污渍和附着物。

2）管道安装就位后，套筒式或承插式接口周围不应有明显变形和胀破。

3）施工过程中应防止管节受损伤，避免内表层和外保护层剥落。

4）检查井、透气井、阀门井等附属构筑物或水平折角处的管节，应采取避免不均匀沉降造成接口转角过大的措施。

5）混凝土或砌筑结构等构筑物墙体内的管节，可采取设置橡胶圈或中介层法等措施，管外壁与构筑物墙体的交界面密实、不渗漏。

3 玻璃钢管管道曲线铺设时，接口的允许转角不得大于表8.4.13 的规定。

表 8.4.13 玻璃钢管管道沿曲线安装的接口允许转角

管内径 D（mm）	允许转角（°）	
	承插式接口	套筒式接口
400～500	1.5	—
500 < D ≤ 1000	1.0	2.0
1000 < D ≤ 1800	1.0	1.0
D > 1800	0.5	0.5

8.4.14 给水硬聚氯乙烯管、聚乙烯管及其复合管安装应符合下列规定：

1 安装硬聚氯乙烯管、聚乙烯管及其复合管管件的规格、性能应符合国家有关标准的规定和设计要求，进入施工现场时其外观质量应符合下列规定：

1）不得有影响结构安全、使用功能及接口连接的质量缺陷。

2）内、外壁光滑、平整，无气泡、无裂纹、无脱皮和严重的冷斑及明显的痕斑、凹陷。

3）管节不得有异向弯曲，端口应平整。

4）橡胶圈应符合本规程 8.4.13 条 1 款的规定。

2 硬聚氯乙烯管、聚乙烯管及其复合管管道铺设应符合下列规定：

1）采用承插式（或套筒式）接口时，宜人工布管且在沟槽内连接，槽深大于 3 m 或管外径大于 400 mm 的管道，宜用非金属绳索兜住管节下管，严禁将管节翻滚抛入槽中。

2）采用电熔、热熔接口时，宜在沟槽边上将管道分段连接后以弹性铺管法移入沟槽；移入沟槽时，管道表面不得有明显的划痕。

3 硬聚氯乙烯管、聚乙烯管及其复合管管道连接应符合下列规定：

1）承插式柔性连接、套筒（带或套）连接、法兰连接、卡箍连接等方法采用的密封件、套筒件、法兰、紧固件等配套管件，必须由管节生产厂家配套供应，电熔连接、热熔连接应采用专用电器设备、挤出焊接设备和工具进行施工。

2）管道连接时必须对连接部位、密封件、套筒等配件清理干净，套筒（带或套）连接、法兰连接、卡箍连接用的钢制套筒、法兰、卡箍、螺栓等金属制品应根据现场土质并参照相关标准采取防腐措施。

3）承插式柔性接口连接宜在当日温度较高时进行，插口端不宜插到承口底部，应留出不小于 10 mm 的伸缩空隙，插入前应在插口端外壁做出插入深度标记，插入完毕后，承插口周围空隙均匀，连接的管道平直。

4）电熔连接、热熔连接、套筒（带或套）连接、法兰连接、卡箍连接应在当日温度较低或接近最低时进行。电熔连接、热焰连接时电热设备的温度控制、时间控制，挤出焊接时对焊接设备的操作等，必须严格按接头的技术指标和设备的操作程序进行。接头处有沿管节圆周平滑对称的外翻边、内翻边应铲平。

5）管道与井室宜采用柔性连接，连接方式符合设计要求，设计无要求时，可采用承插管件连接或中介层做法。

6）管道系统设置的弯头、三通、变径处应采用混凝土支墩或金属卡箍拉杆等技术措施，在消火栓及闸阀的底部应加垫混凝土支墩，非锁紧型承插连接管道，每根管节应有 3 点以上的固定措施；

7）安装完的管道中心线及高程调整合格后，即将管底有效支撑角范围用中粗砂回填密实，不得用土或其他材料回填。

8.4.15 排水钢筋混凝土管及预（自）应力混凝土管安装应符合下列规定：

1 管节的规格、性能、外观质量及尺寸公差应符合国家有关标准的规定。

2 管节安装前应进行外观检查，不得有裂缝、破口等损害，发现有保护层局部脱落等缺陷，应修补并经鉴定合格后方可使用。

3 管节安装前应将管内外清扫干净，安装时应使管道中心及内底高程符合设计要求，稳管时必须采取措施防止管道发生滚动；

4 柔性接口形式应符合设计要求。橡胶圈材质应符合相关规范的规定，且应由管材厂配套供应，外观应光滑平整，不得有裂缝、破损、气孔、重皮等缺陷，每个橡胶圈的接头不得超过 2 个。

5 柔性接口的钢筋混凝土管、预（自）应力混凝土管安装前，承口内工作面、插口外工作面应清洗干净，套在插口上的橡胶圈应平直、无扭曲，应正确就位，橡胶圈表面和承口工作面应涂刷无腐蚀性的润滑剂。安装后放松外力，管节回弹不得大于 10 mm，且橡胶圈应在承、插口工作面上。

6 刚性接口的钢筋混凝土管道，钢丝网水泥砂浆抹带接口材料应符合下列规定：

1）选用粒径 0.5 mm ~ 1.5 mm、含泥量不大于 3%的洁净砂。

2）选用网格 10 mm × 10 mm、丝径为 20 号的钢丝网。

3）水泥砂浆配比满足设计要求。

7 刚性接口的钢筋混凝土管道施工应符合下列规定：

1）抹带前应将管口的外壁凿毛、洗净。

2）钢丝网端头应在浇筑混凝土管座时插入混凝土内，在混凝土初凝时，分层抹压钢丝网水泥砂浆抹带。

3）抹带完成后应立即用吸水性强的材料覆盖，3h～4h后洒水养护。

4）水泥砂浆填缝及抹带接口作业时落入管道内的接口材料应清除。管径大于或等于700mm时，应采用水泥砂浆将管道内接口部位抹平、压光，管径小于700mm时，填缝后应立即拖平。

8 钢筋混凝土管沿直线安装时，管口间的纵向间隙应符合设计及产品标准要求，无明确要求时应符合表8.4.15-1的规定。预（自）应力混凝土管沿曲线安装时，管口间的纵向间隙最小处不得小于5mm，接口转角应符合表8.4.15-2的规定。

表8.4.15-1　钢筋混凝土管管口间的纵向间隙（mm）

管材种类	接口类型	管内径 D	纵向间隙
钢筋混凝土管	平口、企口	500～600	1.0～5.0
		≥700	7.0～1.5
	承插式乙型口	600～3000	5.0～1.5

表8.4.15-2　预（自）应力混凝土管沿曲线安装接口的允许转角

管材种类	管内径 D（mm）	允许转角（°）
预应力混凝土管	500～700	1.5
	800～1400	1.0
	1600～3000	0.5
自应力混凝土管	500～800	1.5

9 预（自）应力混凝土管不得截断使用。

10 井室内暂时不接支线的预留管（孔）应封堵。

11 金属管件连接件应进行防腐处理。

8.4.16 排水预应力钢筒混凝土管安装应符合下列规定：

1 预应力钢筒混凝土管进入施工现场时其外观质量应符合下列规定：

1）内壁混凝土表面平整光洁，承插口钢环工作面光洁干净。内衬式管（简称衬筒管）内表面不应出现浮渣、露石和严重的浮浆，埋置式管（简称埋筒管）内表面不应出现气泡、孔洞、凹坑以及蜂窝、麻面等不密实的现象。

2）管内表面出现的环向裂缝或者螺旋状裂缝宽度不应大于 0.5 mm（浮浆裂缝除外），距离管的插口端 300 mm 范围内出现的环向裂缝宽度不应大于 1.5 mm，管内表面不得出现长度大于 150 mm 的纵向可见裂缝。

3）管端面混凝土不应有缺料、掉角、孔洞等缺陷，端面应齐平、光滑并与轴线垂直。端面垂直度应符合表 8.4.16-1 的规定。

表 8.4.16-1　管端面垂直度（mm）

管内径 D	600～1200	1400～3000	3200～4000
管端面垂直度的允许偏差	6	9	13

4）外保护层不得出现空鼓、裂纹及剥落。

5）橡胶圈应符合 8.4.15 条 4 款的规定。

2 承插式橡胶圈柔性接口施工时应符合下列规定：

1）清理管道承口内侧、插口外部凹槽等连接部位和橡胶圈。

2）将橡胶圈套入插口上的凹槽内，保证橡胶圈在凹槽内受力均匀，没有扭曲翻转现象。

3）用配套的润滑剂涂擦在承口内侧和橡胶圈上，检查涂覆是否完好。

4）在插口上按要求做好安装标记，以便检查插入是否到位。

5）接口安装时，将插口一次插入承口内，达到安装标记为止。

6）安装时接头和管端应保持清洁。

7）安装就位，放松紧管器具后应检查复核管节的高程和中心线，用特定钢尺插入承插口之间检查橡胶圈各部的环向位置，确认橡胶圈处于同一深度，并确认接口处承口周围未被胀裂，确认橡胶圈无脱槽、挤出等现象。沿直线安装时，插口端面与承口底部的轴向间隙应大于 5 mm，且不大于表 8.4.16-2 规定的数值。

表 8.4.16-2　管口间的最大轴向间隙（mm）

管内径 D	内衬式管（衬筒管）		埋置式管（埋筒管）	
	单胶圈	双胶圈	单胶圈	双胶圈
600～1400	15	—	—	—
1200～1400	—	25	—	—
1200～4000	—	—	25	25

3　预应力钢筒混凝土管现场合拢应符合下列规定：

1）安装过程中，应严格控制合拢处上、下游管道接装长度及中心位移偏差。

2）合拢位置宜选择在设有人孔或设备安装孔的配件附近。

3）不允许在管道转折处合拢。

4）现场合拢施工焊接不宜在当日高温时段进行。

4　管道需曲线铺设时，接口的最大允许偏转角度应符合设计要求，设计无要求时应不大于表 8.4.16-3 规定的数值。

84

表 8.4.16-3　预应力钢筒混凝土管沿曲线安装接口的最大允许偏转角

管材种类	管内径 D（mm）	允许平面转角（°）
预应力钢筒混凝土管	600 ～ 1000	1.5
	1200 ～ 2000	1.0
	2200 ～ 4000	0.5

8.4.17 排水现浇钢筋混凝土箱涵管渠安装应符合下列规定：

1 现浇钢筋混凝土箱涵管渠的模板安装应符合下列要求：

1）模板及其支架应满足浇筑混凝土时的承载能力、刚度和稳定性要求，且应安装牢固。

2）各部位的模板安装位置正确、拼缝紧密不漏浆，对拉螺栓、垫块等安装稳固，模板上的预埋件、预留孔洞不得遗漏，且安装牢固；

3）模板清洁、脱模剂涂刷均匀，钢筋和混凝土接茬处无污渍。

4）浇筑混凝土前，模板内的杂物应清理干净，钢模板板面不应有明显锈渍。

2 现浇钢筋混凝土箱涵管渠的钢筋应符合下列规定：

1）每批进场钢筋的出厂质量合格证明书及各项性能检验报告应符合国家有关标准规定和设计要求，受力钢筋的品种、级别、规格和数量必须符合设计要求，钢筋的力学性能检验、化学成分检验等应按《混凝土结构工程施工质量验收规范》GB 50204 的相关规定执行。

2）钢筋加工时，受力钢筋的弯钩和弯折、箍筋的末端弯钩形式等应符合《混凝土结构工程施工质量验收规范》GB 50204 的相关规定和设计要求。

3）纵向受力钢筋的连接方式应符合设计要求，受力钢筋采用机械连接接头或焊接接头时，其接头应按《混凝土结构工程施工质量验收规范》GB 50204 的相关规定进行力学性能检验。

4）同一连接区段内的受力钢筋，接头面积百分率及最小搭接长度应符合《混凝土结构工程施工质量验收规范》GB 50204 的相关规定。

5）钢筋应平直、无损伤，表面不得有裂纹、油污、颗粒状或片状老锈。

6）成型的网片或支架应稳定牢固，不得有滑动、折断、位移、伸出等情况，绑扎接头应扎紧并向内折。

7）钢筋安装就位后应稳固，无变形、走动、松散等现象，保护层符合要求。

8）钢筋加工形状、尺寸、安装精度应符合设计要求。

3 现浇钢筋混凝土箱涵管渠的混凝土浇筑应符合《混凝土结构工程施工质量验收规范》GB 50204 的相关规定。

8.4.18 电力浅沟施工应符合下列规定：

1 沟槽开挖应符合下列要求：

1）开挖沟槽严禁扰动槽底土壤，局部超挖的处理应按规定进行，槽基土质处理方法及密实情况应符合设计要求。

2）槽底不得受水浸泡或受冻，地下水位较高或雨季施工应采取降水和排水措施。

3）沟槽开挖尺寸应符合设计及规范要求。

2 预制 U 形槽安装应符合下列要求：

1）U 形槽及盖板安装平稳、顺直、接口平直，缝宽均匀。

2）构件质量符合要求，浅沟内无泥土、砖石等杂物。

3）预制 U 形槽安装允许偏差应符合验收要求。

3 混凝土排管应符合下列要求：

1）混凝土线形顺直，无凹凸、缺边、掉角、裂缝、孔洞。

2）管材质量符合要求，管内无泥土、砖石等杂物，排管排列整齐、间距均匀。

3）混凝土排管允许偏差应符合验收要求。

4 砖砌浅沟应符合下列要求：

1）侧壁墙面平直，砂浆饱满，错缝砌筑，抹面无空鼓、裂缝，预埋件位置正确。

2）沟底平整，坡度正确，无垃圾、砂浆等杂物，集水坑位置正确。

3）盖板表面平整，无缺边、掉角、裂缝、露石、麻面，盖板安装平顺，缝宽均匀。

5 转弯井及连接浅井应符合下列要求：

1）井壁垂直，抹面压光，无空鼓、裂缝，预埋件位置正确。

2）井底平整，无积水，集水水坑位置正确，无泥土、砖石等杂物。

3）盖板符合本规程 8.4.18 条 4 款的规定。

6 排管检查井应符合下列要求：

1）井壁垂直，抹面压光，无空鼓、裂缝，预埋件位置正确。

2）井底平整，坡向集水坑，踏步牢固，位置正确，无泥土、砖石等杂物。

3）井框、井盖完整无损，配套严密，安装平稳，位置正确。

4）排管检查井允许偏差应符合验收要求。

7 接地装置安装应符合下列要求：

1）测试接地装置的接地电阻值必须符合设计要求。

2）接地装置顶面埋设深度应符合设计要求，当设计无要求时，接地装置顶面埋设深度不应小于 0.6 m。圆钢、角钢接地极应垂直埋入地下，间距不应小于 5 m。

3）接地装置的焊接应采用搭接焊，搭接长度及施焊应符合表 8.4.18-3 的规定。

表 8.4.18-3　接地装置搭接焊的搭接长度及施焊要求

搭接情况	搭接长度	施焊要求
扁钢与扁钢搭接	扁钢宽度的 2 倍	不少于三面施焊
圆钢与圆钢搭接	圆钢直径的 6 倍	双面施焊
圆钢与扁钢搭接	圆钢直径的 6 倍	双面施焊
扁钢与角钢焊接	紧贴角钢外侧两面	上下两侧施焊

4）除埋设在混凝土中的焊接接头外，有防腐措施。

5）接地装置安装一般项目应符合验收要求。

8.4.19　通信管网施工应符合下列规定：

1　园区通信管线宜埋设于绿化带或人行道内。

2　通信管线必须穿越园区道路、广场时，应与道路、广场基层同时施工，应采用刚性导管或管囊穿越道路、广场，且导管及管囊应埋入道路基层以下，否则应对道路采取加强保护。

3　连接井、人（手）孔应设于道路、广场界外或边缘。

4　通信管道工程的沟（坑）挖成后，凡遇被水冲泡的，必须重新进行人工地基处理，否则，严禁进行下一道工序的施工。

5　园区道路中的通信管道采用的管材、构件及材料，应符合《通信管道工程施工及验收规范》GB 50374 的规定。

6　通信管道工程的回填土，除设计文件有特殊要求外，应符合下列规定：

　　1）在管道两侧和顶部 300 mm 范围内，应采用细砂或过筛细土回填。

　　2）管道两侧应同时进行回填土，每回填土 150 mm 厚，应夯实。

　　3）管道顶部 300 mm 以上，每回填土 300 mm 厚，应夯实。

　　7　通信管道工程挖明沟穿越道路、广场的回填土压实度，以及管道及人（手）孔坑回填土压实度应与相邻道路、广场同层结构压实度相同。

　　8　人（手）孔坑的回填土，应符合下列规定：

　　1）靠近人（手）孔壁四周的回填土内，不应有直径大于100 mm 的砾石、碎砖等坚硬物。

　　2）人（手）孔坑线回填土 300 mm 时，应夯实。

　　3）人（手）孔坑的回填土，严禁高出人（手）孔口圈的高程。

　　9　人（手）孔、通道建筑应符合下列规定：

　　1）砖、混凝土砌块（以下简称砌块）砌筑前应充分浸湿，砌体面应平整、美观，不应出现竖向通缝。

　　2）砖砌体砂浆饱满程度应不低于80%，砖缝宽度应为 8 mm ~12 mm，同一砖缝的宽度应一致。

　　3）砌块砌体槽缝应为 15 mm ~20 mm，竖缝应为 10 mm ~15 mm，横缝砂浆饱满程度应不低于 80%，竖缝灌浆必须饱满、严实，不得出现跑漏现象。

　　4）砌体必须垂直，砌体顶部四角应水平一致，砌体的形状、尺寸应符合设计图纸要求。

　　5）设计规定抹面的砌体，应将墙面清扫干净，抹面应平整、压光、不空鼓，墙角不得歪斜。抹面厚度、砂浆配比应符合设计规定。勾缝的砌体，勾缝应整齐均匀，不得空鼓，不应脱落或遗漏。

6）通道的建筑规格、尺寸、结构形式，通道内设置的安装铁件等，均应符合设计图纸的规定。一般局（站）内主机房引出建筑物的通道，不应越出局（站）院墙，局（站）以外的通信通道，其内部净高宜为 1.8 m。

7）通信管道的弯道，当水泥管道曲率半径小于 36 m 时宜改为通槽。

10 人（手）孔、通道的地基与基础应符合下列要求：

1）人（手）孔、通道的地基应按设计规定处理，如系天然地基必须按设计规定的高程进行夯实、抄平。人（手）孔、通道采用人工地基，必须按设计规定处理。

2）人（手）孔、通道基础支模前，必须校核基础形状、方向、地基高程等。

3）人（手）孔、通道基础的外形、尺寸应符合设计图纸规定。

8.4.20 照明管网施工应符合下列规定：

1 园区道路、广场的照明管网宜埋设于绿化带或人行道内，电缆应敷设在能满足承载强度的保护管中。

2 照明管网必须穿越园区道路、广场时，应与道路、广场基层同时施工，应采用刚性导管或管道穿越道路、广场。

3 照明管网管线穿越园区道路、广场时，保护管及管道应埋入道路地基以下，否则应对道路采取加强保护。

4 埋设于绿化带或人行道内的电缆埋设深度应符合下列规定：

1）绿地、车行道下不应小于 0.7 m；

2）人行道下不应小于 0.5 m；

3）在不能满足上述要求的地段应按设计要求敷设。

5 电缆保护管不应有孔洞、裂缝和明显凹凸不平，内壁应光滑无毛刺。金属电缆保护管以采用热镀锌管、铸铁管或热浸塑钢管，直线段保护管直径不应小于电缆外径的 1.5 倍，有弯曲时不应小于 2 倍。混凝土管、陶土管、石棉水泥管其内径不宜小于 100 mm。

6 电缆保护管的弯曲半径不应小于所穿入电缆的最小允许弯曲半径，弯制后不应有裂痕和显著凹瘪显现，其弯扁程度不宜大于管子外径的 10%，管口应无毛刺和尖锐菱角，管口应做成喇叭形。

7 硬质塑料管连接采用套接和插接时，其插入深度宜为管材内径的 1.1 倍 ~ 1.8 倍，在插接面上应涂以胶黏剂黏牢密封。采用套接时，套接两端应采用密封措施。

8 金属电缆保护管连接应牢固，密封良好。当采用套接时，套接的短管或带螺纹的管接头长度不应小于外径的 2.2 倍，金属电缆保护管不宜直接对焊，宜采用套管焊接方式。

9 敷设混凝土管、陶土管、石棉管等电缆保护管时，地基应坚实平整，不应有沉降。电缆管连接时，管孔应对准，接缝应严密，不得有地下水和泥浆渗入。

10 过街管两端，直线段超过 50 m 时，应设置工作井，灯杆处宜设置工作井。工作井应符合下列规定：

1）工作井不宜设置在交叉路口、建筑物门口、与其他管线交叉处。

2）工作井宜采用 M5 砂浆砖砌体，内壁粉刷应用 1：2.5 防水砂浆抹面，井壁光滑平整。

3）井盖应有防盗措施，并满足车行道和人行道相应承重要求。

4）井深不宜小于 1 m，并应有渗水孔。

5）井内壁净宽不宜小于 0.7 m。

6）电缆保护管伸出工作井壁 30 mm ~ 50 mm，有多根电缆管时，管口应排列整齐，不应有上翘下坠现象。

8.5 不开槽施工管道主体结构

8.5.1 本节适用于采用顶管、水平定向钻及夯管等方法进行不开槽施工的园区室外给排水管道工程。

8.5.2 施工前应进行现场调查研究，并对建设单位提供的工程沿线的有关工程地质、水文地质和周围环境情况，以及沿线地下与地上管线、周边建（构）筑物、障碍物及其他设施的详细资料进行核实确认，必要时应进行坑探，并根据实际情况编制施工方案。

8.5.3 不开槽施工方法选择应符合下列规定：

1 顶管顶进方法的选择，应根据工程设计要求、工程水文地质条件、周围环境和现场条件，经技术经济比较后确定，并应符合下列规定：

1） 采用敞口式（手掘式）顶管机时，应将地下水位降至管底以下不小于 0.5 m 处，并应采取措施，防止其他水源进入顶管的管道。

2） 周围环境要求控制地层变形或无降水条件时，宜采用封闭式的土压平衡或水泥平衡顶管机施工。

3） 穿越建（构）筑物、铁路、公路、重要管线和防汛墙等时，应制订相应的保护措施。

4） 小口径的金属管道，无地层变形控制要求且顶力满足施工要求时，可采用一次顶进的挤密土层顶管法。

2 定向钻机的回转转矩和回拖力的确定，应根据终孔孔径、轴向曲率半径、管道长度，结合工程水文地质和现场周围环境条件，经过技术经济比较综合考虑后确定，并应有一定的安全储备。导向探测仪的配置应根据定向钻机类型、穿越障碍物类型、探测深度和现场探测条件选用。

3 工作井宜设置在检查井等附属构筑物的位置。

8.5.4 各种不开槽施工方法的施工方案包含的主要内容应符合下列规定：

1 掘进顶管法施工方案应包括下列主要内容：

1）顶进方法比选和顶管段单元长度的确定。

2）顶管机选型及各类设备的规格、型号及数量的确定。

3）工作井位置选择、结构类型及其洞口封门设计。

4）管节、接口选型及检验，内外防腐处理。

5）顶管进、出洞口技术措施，地基改良措施。

6）顶力计算、后背设计和中继间设置。

7）减阻剂选择及相应技术措施。

8）施工测量、纠偏的方法。

9）曲线顶进及垂直顶升的技术控制及措施。

10）地表及构筑物变形与形变监测和控制措施。

11）安全技术措施、应急预案。

2 定向钻法施工方案包括下列主要内容：

1）定向钻的入土点、出土点位置选择。

2）入土角、出土角、管道轴向曲率半径要求等钻进轨迹设计。

3）确定终孔孔径及扩孔次数，计算管道回拖力，管材的选用。

4）定向钻机、钻头、钻杆及扩孔头、拉管头等的选用。

5）护孔减阻泥浆的配制及泥浆系统的布置。

6）地面管道布置走向及管道材质、组对拼装、防腐层要求。

7）导向定位系统设备的选择及施工探测（测量）技术要求、控制措施。

8）周围环境保护及临近措施。

3 夯管法施工方案包括下列主要内容：

1）工作井位置选择、结构类型、尺寸要求及其进、出洞口技术措施。

2）锤击力计算，管材、规格的确定。

3）夯管锤及辅助设备的选用及作业要求。

4）减阻技术措施。

5）管组对焊接、防腐层施工要求，外防腐层的保护措施。

6）施工测量技术要求、控制措施。

7）管内土排除方式。

8）周围环境控制要求及监控措施。

9）安全技术措施、应急预案。

8.5.5 施工风险监测及防范应符合下列规定：

1 施工前应根据工程水文地质条件、现场施工条件、周围环境等因素，进行安全风险评估；并制订防止发生事故以及事故处理的应急预案，备足应急抢险设备、器材等物资。

2 根据工程设计、施工方法、工程水文地质条件，对邻近建（构）筑物、管线，应采用土体加固或其他有效的保护措施。

3 根据设计要求、工程特点及有关规定，对管（隧）道沿线影响范围地表或地下管线等建（构）筑物设置观测点，进行监控测量。监控测量的信息应及时反馈，以指导施工，发现的问题及时处理。

4 监控测量的控制点（桩）设置应符合本规程第8.1.5条的规定，每次测量前应对控制点（桩）进行复核，如有扰动，应进行校正或重新补设。

8.5.6 施工设备、装置应满足施工要求，并应符合下列规定：

1 施工设备、主要配套设备和辅助系统安装完成后，应经试运行及安全性检验，合格后方可掘进作业。

2 操作人员应经过培训，掌握设备操作要领，熟悉施工方法、各项技术参数，考试合格方可上岗。

3 管（隧）道内涉及的水平运输设备、注浆系统、喷浆系统以及其他辅助系统应满足施工技术要求和安全、文明施工要求。

4 施工供电应设置双路电源，并能自动切换。动力、照明应分路供电，作业面移动照明应采用低压供电。

5 采用顶管法施工的管道工程，应根据管（隧）道长度、施工方法和设备条件等确定管（隧）道内通风系统模式，设备供排风能力、管（隧）道内人员作业环境等还应满足国家有关标准规定；

6 采用起重设备或垂直运输系统时，应符合下列规定：

1）起重设备必须经过起重荷载计算。

2）使用前应按有关规定进行检查验收，合格后方可使用。

3）起重作业前应试吊，吊离地面 100 mm 左右时，应检查重物捆扎情况和制动性能，确认安全后方可起吊。起吊时工作井内严禁站人，当吊运重物下井距作业面底部小于 500 mm 时，操作人员方可近前工作。

4）严禁超负荷使用。

5）工作井上、下作业时必须有联络信号。

7 所有设备、装置在使用中应按规定定期检查、维修和保养。

8.5.7 顶管施工的管节应符合下列规定：

1 管节的规格及其拉口连接形式应符合设计要求。

2 钢筋混凝土成品管质量应符合国家现行标准《混凝土和钢筋混凝土排水管》GB/T 11836、《顶进施工法用钢筋混凝土排水管》JC/T 640 的规定，管节及接口的抗渗性能应符合设计要求。

3 钢管制作质量应符合本规程第 8.4 节的相关规定和设计要求，且焊缝等级应不低于Ⅱ级。外防腐结构层满足设计要求，顶进

95

时不得被土体磨损；

4 双插口、钢承口钢筋混凝土管钢材部分制作与防腐应按钢管要求执行。

5 玻璃钢管质量应符合国家有关标准的规定。

6 橡胶圈应符合本规程 8.4.13 条 1 款的规定，并与管节黏附牢固、表面平顺。

7 衬垫的厚度应根据管径大小和顶进情况选定。

8.5.8 定向钻法施工，应根据设计要求选用聚乙烯管或钢管，夯管法施工采用钢管，管材的规格、性能还应满足施工方案要求，且符合下列规定：

1 钢管接口应焊接，聚乙烯管接口应熔接。

2 钢管的焊缝等级应不低于 Ⅱ 级。钢管外防腐结构层及接口处的补口材质应满足设计要求，外防腐层不应被土体磨损或增设牺牲保护层。

3 定向钻施工时，轴向最大回拖力和最小曲率半径的确定应满足管材力学性能要求，钢管的管径与壁厚之比不应大于 100，聚乙烯管标准尺寸比（SDR）宜为 11。

4 夯管施工时，轴向最大锤击力的确定应满足管材力学性能要求，其管壁厚度应符合设计和施工要求，管节的圆度误差不应大于 0.005 倍管内径，管端面垂直度误差不应大于 0.001 倍管内径且不大于 1.5 mm。

8.5.9 施工中应做好掘进、管道轴线跟踪测量记录。

8.5.10 工作井的结构、位置应符合下列规定：

1 工作井的结构必须满足井壁支护以及顶管（顶进工作井）推进后坐力作用等施工要求，其位置选择应符合下列规定：

1）宜选择在管道井室位置。

2）便于排水、排泥、出土和运输。

3）尽量避开现有构（建）筑物，减小施工扰动对周围环境的影响。

4）顶管单向顶进时宜设在下游一侧。

2 工作井围护结构应根据工程水文地质条件、邻近建（构）筑物、地下与地上管线情况，以及结构受力、施工安全等要求，经技术经济比较后确定。

8.5.11 工作井施工应遵守下列规定：

1 编制专项施工方案。

2 应根据工作井的尺寸、结构形式、环境条件等因素确定支护（撑）形式。

3 土方开挖过程中，应遵循"开槽支撑、先撑后挖、分层开挖、严禁超挖"的原则进行开挖与支撑。

4 井底应保证稳定和干燥，并应及时封底。

5 井底封底前，应设置集水坑，坑上应设有盖，封闭集水坑时应进行抗浮验算。

6 在地面井口周围应设置安全、防汛墙和防雨设施。

7 井内应设置便于上、下的安全通道。

8.5.12 顶管的顶进工作井的后背墙施工应符合下列规定：

1 后背墙结构强度与刚度必须满足顶管最大允许顶力和设计要求。

2 后背墙平面与掘进轴线应保持垂直，表面应坚实平整，能有效地传递作用力。

3 施工前必须对后背土体进行允许抗力的验算，验算不足时应对后背土体加固。

4 顶管的顶进工作井后背墙还应符合下列规定：

1）上、下游两段管道有折角时，还应对后背墙结构及布置进行设计。

2）装配式后背墙宜采用方木、型钢或钢板等组装，底端宜在工作坑底以下且不小于 500 mm。组装构件应规格一致、紧贴固定，后背土体壁面应与后背墙贴紧，有孔隙时应采用砂石料填塞密实。

3）无原土作后背墙时，宜就地取材设计结构简单、稳定可靠、拆除方便的人工后背墙。

4）利用已顶进完毕的管道作后背时，待顶管道的最大允许顶力应小于已顶管道的外壁摩擦阻力，后背钢板与管口端面之间应衬垫缓冲材料，并应采取措施保护已顶入管道的接口不受损伤。

8.5.13 工作井尺寸应结合施工场地、施工管理、洞口拆除、测量及垂直运输等要求确定，且应符合下列规定：

1 顶管工作井应符合下列规定：

1）应根据顶管机安装和拆卸、管节长度和外径尺寸、千斤顶工作长度、后背墙设置、垂直运土工作面、人员作业空间和顶进作业管理等要求确定平面尺寸。

2）深度应满足顶管机导轨安装、导轨基础厚度、洞口防水处理、管接口连接等要求。顶混凝土管时，洞圈最低处距底板顶面距离不宜小于 600 mm，顶钢管时，还应留有底部人工焊接的作业高度。

2 工作井应设置施工工作平台。

8.5.14 掘进顶管法施工应符合下列一般规定：

1 顶管施工应根据工程具体情况采用下列技术措施：

1）一次顶进距离大于 100 m 时，应采用中继间技术。

2）在砂砾层或卵石层顶管时，应采取管节外表面精密仪器措施、触变泥浆技术等减少顶进阻力和稳定周围土体。

3）长距离顶管应采用激光定向等测量控制技术。

2 计算施工顶力时，应综合考虑管节材质、顶进工作井后背墙结构的允许最大荷载、顶进设备能力、施工技术措施等因素。施工最大顶力应大于顶进阻力，但不得超过管材或工作井后背墙的允许顶力。

3 施工最大顶力有可能超过允许顶力时，应采取减少顶进阻力、增设中继间等施工技术措施。

4 顶进阻力计算应按当地的经验公式，或按式（8.5.14）计算：

$$F_p = \pi D_0 L_d f_k + N_F \qquad (8.5.14)$$

式中　　F_p——顶进阻力（kN）；

　　　　D_0——管道的外径（m）；

　　　　L_d——管道设计顶进长度（m）；

　　　　f_k——管道外壁单位面积平均摩阻力（kN/m²），通过试验确定，对于采用触弯泥浆减阻技术的宜按表 8.5.15-1 选用；

　　　　N_F——顶管机的迎面阻力（kN），不同类型顶管机的迎面阻力宜按表 8.5.14-2 选择计算式。

表 8.5.14–1　采用触变泥浆的管外壁单位面积平均摩擦阻力 *f*（kN/m²）

土类管材	黏性土	粉土	粉、细砂土	中、粗砂土
钢筋混凝土管	3.0 ~ 5.0	5.0 ~ 8.0	8.0 ~ 11.0	11.0 ~ 16.0
钢管	3.0 ~ 4.0	4.0 ~ 7.0	7.0 ~ 10.0	10.0 ~ 13.0

注：当触变泥浆技术成熟可靠、管外壁能形成和保持稳定、连续的泥浆套时，*f* 值可直接取 3.0 kN/m² ~ 5.0 kN/m²。

表 8.5.14-2 顶管机迎面阻力 N_F 计算公式

顶进方式	迎面阻力 N_F
敞开式	$N_F = \pi(D_g - t)tR_s$
挤压式	$N_F = \pi D_g^2(1 - e)R_s/4$
网格挤压	$N_F = \pi D_g^2 \alpha R_s/4$
气压平衡式	$N_F = \pi D_g^2(\alpha R_s + P_n)/4$
土压平衡和泥水平衡	$N_F = \pi D_g^2 P/4$

注：D_g——顶管机外径（m）；

t——工具管刃脚厚度（m）；

R_s——挤压阻力（kN/m²），取 $R_s = 300 \sim 500$ kN/m²；

e——开口率；

α——网格截面参数，取 $\alpha = 0.6 \sim 1.0$；

P_n——气压强度（kN/m²）；

P——控制土压力。

5 开始顶进前应检查下列内容，确认条件具备时方可开始顶进。

1） 全部设备经过检查、试运转。

2） 顶管机导轨上的中心线、坡度和高程应符合要求。

3） 防止流动性土或地下水由洞口进入工作井的技术措施。

4） 拆除洞口封门的准备措施。

6 顶管进、出工作井时应根据工程地质和水文地质文件、埋设深度、周围环境和顶进方法，选择技术经济合理的技术措施，并应符合下列规定：

1） 应保证顶管进、出工作井和顶进过程中洞圈周围的土体稳定。

2）应考虑顶管机的切削能力。

3）洞口周围土体含地下水时，若条件允许可采取降水措施，或采取注浆等措施加固土体以封堵地下水。

7 在拆除封门时，顶管机外壁与工作井洞圈之间应设置洞口止水装置，防止顶进施工时泥水渗入工作井，并应符合下列规定：

1）钢板桩工作井，可拔起或切割钢板桩露出洞口，并采取措施防止洞口上方的钢板桩下落。

2）工作井的围护结构为沉井工作井时，应先拆除洞圈内侧的临时封门，再拆除井壁外侧的封板或其他封填物。

3）在不稳定土层中顶管时，封门拆除后应将顶管机立即顶入土层。

4）拆除封门后，顶管机应连续顶进，直至洞口及止水装置发挥作用为止。

8 在工作井洞口范围可预埋注浆管，管道进入土体之前可预先注浆。

8.5.15 掘进顶管法施工顶进作业应符合下列规定：

1 应根据土质条件、周围环境控制要求、顶进方法、各项顶进参数和监控数据、顶管机工作性能等，确定顶进、开挖、出土的作业顺序和调整顶进参数。

2 掘进过程中应严格量测监控，实施信息化施工，确保开挖掘进工作面的土体稳定和土（泥水）压力平衡，并控制顶进速度、挖土和出土量，减少土体扰动和地层变形。

3 采用敞口式（手工掘进）顶管机，在允许超挖的稳定土层中正常顶进时，管下部135°范围内不得超挖，管顶以上超挖量不得大于15 mm（图8.5.15）。

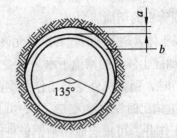

a—最大超挖量；*b*—允许超挖范围

图 8.5.15　超挖示意图

4　管道顶进过程中，应遵循"勤测量、勤纠偏、微纠偏"的原则，控制顶管机前进方向和姿态，并应根据测量结果分析偏差产生的原因和发展趋势，确定纠偏的措施。

5　开始顶进阶段，应严格控制顶进的速度和方向。

6　进入接收工作井前应提前进行顶管机位置和姿态测量，并根据进口位置提前进行调整。

7　在软土层中顶进混凝土管时，为防止管节漂移，宜将前 3~5 节管体与顶管机联成一体。

8　钢筋混凝土管接口应保证橡胶圈正确就位。钢管接口焊完成后，应进行防腐层补口施工，焊接及防腐层检验合格后方可顶进。

9　应严格控制管道线形，对于柔性接口管道，其相邻管间转角不得大于该管材的允许转角。

8.5.16　掘进顶管法施工的测量与纠偏应符合下列规定：

1　施工过程中应对管道水平轴线和高程、顶管机姿态等进行测量，并及时对测量控制基准点进行复核，发生偏差时应及时纠正。

2　顶进施工测量前应对井内的测量控制基准点进行复核，发生工作井位移、沉降、变形时应及时对基准点进行复核。

3　管道水平轴线和高程测量应符合下列规定：

1）出顶进工作井进入土层，每顶进 300 mm，测量不应少于一次。正常顶进时，每顶进 1000 mm，测量不应少于一次。

2）进入接收工作井前 30 m 应增加测量，每顶进 300 mm，测量不应少于一次。

3）全段顶完后，应在每个管节接口处测量其水平轴线和高程，有错口时，应测出相对高差。

4）纠偏量较大或频繁纠偏时应增加测量次数。

5）测量记录应完整、清晰。

4 距离较长的顶管，宜采用计算机辅助的导线法（自动测量导向系统）进行测量；在管道内增设中间测站进行常规人工测量时，宜采用少设测站的长导线法，每次测量均应对中间测站进行复核。

5 纠偏应符合下列规定：

1）顶管过程中应绘制顶管机水平与高程轨迹图、顶力变化曲线图、管节编号图，随时掌握顶进方向和趋势。

2）在顶进中及时纠偏。

3）采用小角度纠偏方式。

4）纠偏时开挖面土体应保持稳定。采用挖土纠偏方式时，超挖量应符合地层变形控制和施工设计要求。

5）刀盘式顶管机应有纠正顶管机旋转措施。

8.5.17 掘进顶管法施工采用中继间顶进时，其设计顶力、设置数量和位置应符合施工方案，并应符合下列规定：

1 设计顶力严禁超过管材允许顶力。

2 第一个中继间的设计顶力，应保证其允许最大顶力能克服前方管道的外壁摩擦阻力及顶管机的迎面阻力之和，后续中继间设计顶力应克服两个中继间之间的管道外壁摩擦阻力。

3 确定中继间位置时，应留有足够的顶力安全系数，第一个中继间位置应根据经验确定并提前安装同时考虑正面阻力反弹，防止地面沉降。

4 中继间密封装置宜采用径向可调形式，密封配合面的加工精度和密封材料质量应满足要求。

5 超深、超长距离顶管工程，中继间应具有可更换密封止水圈的功能。

8.5.18 中继间的安装、运行、拆除应符合下列规定：

1 中继间壳体应有足够的刚度，其千斤顶的数量应根据该段施工长度的顶力计算确定，并沿周长均匀分布安装，其伸缩行程应满足施工和中继间结构受力的要求。

2 中继间外壳伸缩时，滑动部分应具有止水性能和耐磨性能，且滑动时无阻滞。

3 中继间安装前应检查各部件，确认正常后方可安装，安装完毕应通过试运转检验后方可使用。

4 中继间的启动和拆除应由前向后依次进行。

5 拆除中继间时，应具有对接接头的措施。中继间的外壳若不拆除，应在安装前进行防腐处理。

8.5.19 触变泥浆注浆工艺应符合下列规定：

1 注浆工艺方案应包括下列内容：

　　1) 泥浆配比、注浆量及压力的确定。

　　2) 制备和输送泥浆的设备及其安装。

　　3) 注浆工艺、注浆系统及注浆孔的布置。

2 确保顶进时管外壁和土体之间的间隙能形成稳定、连续的泥浆套。

3 泥浆材料的选择、组成和技术指标要求，应经现场试验确定。顶管机尾部同步注浆宜选择黏度较小、失水量小、稳定性好的材料，补浆的材料宜黏滞小、流动性好。

4 触变泥浆应搅拌均匀，并具有下列性能：

1） 在输送和注浆过程中应呈胶状液体，具有相应的流动性。

2） 注浆后经一定的静置时间应呈胶凝状，具有一定的固结强度。

3） 管道顶进时，触变泥浆被扰动后胶凝结构破坏，但应呈胶状液体。

4） 触变泥浆材料对环境无危害。

5 顶管机尾部的后续几节管节应连续设置注浆孔。

6 应遵循"同步注浆与补浆相结合"和"先注后顶、随顶随注、及时补浆"的原则，制定合理的注浆工艺。

7 施工中应对触变泥浆的黏度、重度、pH 值、注浆压力、注浆量进行检测。

8 触变泥浆注浆系统应符合下列规定：

1） 制浆装置容积应满足形成泥浆套的需要。

2） 注浆泵宜选用液压泵、活塞泵或螺杆泵。

3） 注浆管应根据顶管长度和注浆孔位置设置，管接头拆卸方便、密封可靠。

4） 注浆孔的布置应按管道直径大小确定，每个断面可设置 3～5 个，相邻断面上的注浆孔可平行布置或交错布置。每个注浆孔宜安装球阀，在顶管机尾部和其他适当位置的注浆孔管道上应设置压力表。

5） 注浆前，应检查注浆装置水密性，注浆时压力应逐步升至控制压力，注浆遇有机械故障、管路堵塞、接头渗漏等情况时，经处理后方可继续顶进。

8.5.20 掘进顶管法施工应根据工程实际情况正确选择顶管机。顶进中对地层变形的控制应符合下列要求：

1 通过信息化施工，优化顶进的控制参数，使地层变形最小。

2 采用同步注浆和补浆，及时填充管外壁与土体之间的施工间隙，避免管道外壁土体扰动。

3 发生偏差应及时纠偏。

4 避免管节接口、中继间、工作井洞口及顶管机尾部等部位的水土流失和泥浆渗漏，并确保管节接口端面完好。

5 保持开挖量与出土量的平衡。

8.5.21 掘进顶管法施工的顶进作业应连续进行，顶进过程中遇下列情况之一时，应暂停顶进，及时处理，并应采取防止顶管机前方塌方的措施。

1 顶管机前方遇到障碍。

2 后背墙变形严重。

3 顶铁发生扭曲现象。

4 管位偏差过大且纠偏无效。

5 顶力超过管材的允许顶力。

6 油泵、油路发生异常现象。

7 管节接缝、中继间渗漏泥水、泥浆。

8 地层、邻近建（构）筑物、管线等周围环境的变形量超出控制允许值。

8.5.22 掘进顶管法施工顶管管道贯通后应做好下列工作：

1 工作井中的管端应按下列规定处理：

1）进入接收工作井的顶管机和管端下部应设枕垫。

2）管道两端露在工作井中的长度不小于 0.5 m，且不得有接口。

3）工作井中露出的混凝土管道端部应及时做混凝土基础。

2 顶管结束后进行触变泥浆置换时，应采取下列措施：

1）采用水泥砂浆、粉煤灰水泥砂浆等易于固结或稳定性较好的浆液转换泥浆填充管外侧超挖、塌落等原因造成的空隙。

2）拆除注浆管路后，将管道上的注浆孔封闭严密。

3）将全部注浆设备清洗干净。

3 钢筋混凝土管顶进结束后，管道内的管节接口间隙应按设计要求处理，设计无要求时，可采用弹性密封膏密封，其表面应抹平、不得凸入管内。

8.5.23 钢筋混凝土管曲线顶管应符合下列规定：

1 顶进阻力计算宜采用当地的经验公式确定，无经验公式时，可按相同条件下直线顶管的顶进阻力进行估算，并考虑曲线段管外壁增加的侧向摩阻力以及顶进作用力轴向传递中的损失影响。

2 最小曲率半径计算应符合下列规定：

1）应考虑管道周围土体承载力、施工顶力传递、管节接口形式、管径、管节长度、管口端面木衬垫厚度等因素。

2）按式（8.5.23）计算，不能满足公式计算结果时，可采取减小预制管管节长度的方法来满足：

$$\tan \alpha = L_y / R_{\min} = \Delta S / D_0 \qquad （8.5.23）$$

式中 α——曲线顶管时，相邻管节之间接口的控制允许转角（°），一般取管节接口最大允许转角的 1/2，F 型钢承口的管节宜小于 0.3°；

$R_{\min}$——最小曲率半径（m）；

L_y——预制管管节长度（m）；

D_0——管外径（m）；

ΔS——相邻管节之间接口允许的最大间隙与最小间隙之差（m），其值与不同管节接口形式的控制允许转角和衬垫弹性模量有关。

3 所用的管节接口在一定角变位时应保持良好的密封性能要求，对于 F 型钢承口可增加钢套环承插长度。衬垫可选用无硬节松木板，其厚度应保证管节接口端面受力均匀。

4 曲线顶进应符合下列规定：

1）采用触变泥浆技术措施，并检查验证泥浆套形成情况。

2）根据顶进阻力计算中继间的数量和位置，并考虑轴向顶力、轴线调整的需要，缩短第一个中继间与顶管机以及后续中继之间的间距。

3）顶进初始时，应保持一定长度的直线段，然后逐渐过渡到曲线段。

4）曲线段前几节管接口处可预埋钢板、预设拉杆，控制和保持好接口张开量。对于软土层或曲率半径较小的顶管，可在顶管机后续管节的每个接口间隙位置，预设间隙调整器，形成整体弯曲强度导向管段。

5）采用敞口式（手掘进）顶管机时，在弯曲轴线内侧可进行超挖，超挖量的大小应考虑弯曲段的曲率半径、管径、管长度等因素，满足地层变形控制和设计要求，并应经现场试验确定。

5 施工测量应符合本规程第 8.1.6 条、第 8.1.7 条的规定，并符合下列规定：

1）宜采用计算机辅助的导线法（自动测量导向系统）进行跟踪、快速测量。

2）顶进时，顶管机位置及姿态测量每米不应少于 1 次。

3）每顶入一节管，其水平轴线及高程测量不应少于 3 次。

8.5.24 管道的垂直顶升施工应符合下列要求：

1 垂直顶升范围内的特殊管段，其结构形式应符合设计要求，结构强度、刚度和管段变形情况应满足承载顶升反力的要求；特殊管段土基应进行强度、稳定性验算，并根据验算结果采取相应的土体加固措施。

2 顶进的特殊管段位置应准确，开孔管节在水平顶进时应采取防旋转的措施，保证顶升口的垂直度、中心位置满足设计和垂直顶升要求，开孔管节与相邻管节应连接牢固。

3 垂直顶升设备的安装应符合下列要求：

1）顶升架应有足够的刚度、强度，其高度和平面尺寸应满足人员作业和垂直管节安装要求，操作简便。

2）传力底梁座安装时，应保证其底面与水平管道有足够的均匀接触面积，使顶升反力均匀传递到相邻的数节水平管节上，底梁座上的支架应对称布置。

3）顶升架安装定位时，顶升架千斤顶合力中心与水平开孔管顶升口中心宜同轴线和垂直，顶升液压系统应进行安装调试。

4 顶升前应检查下列施工事项，合格后方可顶升：

1）垂直立管的管节制作完成后应进行试拼装，并对合格管节进行组对编号。

2）垂直立管顶升前应进行防水、防腐蚀处理。

3）水平开孔管节的顶升口设置止水框装置且安装位置准确，并与相邻管节连接成整体，止水框装置与立管之间应安装止水嵌条，止水嵌条压紧程度可采用设置螺栓及方钢调节。

4）垂直立管的顶头管节应设置转换装置（转向法兰），确保顶头管节就位后顶升前，进行顶升口帽盖与水平管脱离并与顶头管相连的转换过程中不发生泥、水渗漏。

5）垂直顶升设备安装经检查、调试合格。

5 垂直顶升应符合下列要求：

1）应按垂直立管的管节组对编号顺序依次进行。

2）立管管节就位时应位置正确，并保证管节与止水框装置内圈的周围间隙均匀一致，止水嵌条止水可靠。

3）立管管节应平稳、垂直向上顶升，顶升各千斤顶行程应同步、匀速，并避免顶块偏心受力。

4）垂直立管的管节间接口连接正确、牢固，止水可靠。

5）应有防止垂直立管后退和管节下滑的措施。

6　垂直顶升完成后，应完成下列工作：

1）做好与水平开口管节顶升口的接口处理，确保底座管节与水平管连接强度可靠。

2）立管进行防腐和阴极保护施工。

3）管道内应清洁干净，无杂物。

7　垂直顶升管在水下揭去帽盖时，必须在水平管道内灌满水并按设计要求采取立管稳管保护及揭帽盖安全措施后进行。

8　外露的钢制构件应按设计要求进行防腐。

8.5.25　定向钻进施工应符合下列一般规定：

1　定向钻进施工应根据设计要求和施工方案组织实施。

2　设备、人员应符合下列要求：

1）设备应安装牢固、稳定，钻机导轴与水平面的夹角符合入土角要求。

2）钻机系统、动力系统、泥浆系统等调试合格。

3）导向控制系统安装正确，校核合格，信号稳定。

4）钻进、导向探测系统的操作人员经培训合格。

8.5.26　定向钻进施工前应检查下列内容，确认条件具备时方可开始钻进：

1　管道的轴向曲率应符合设计要求、管材轴向弹性性能和成孔稳定性的要求。

2 按施工方案确定入土角、出土角。

3 无压管道从竖向曲线过渡至直线后,应设置控制井;控制井的设置应结合检查井、入土点、出土点位置综合考虑,并在导向孔钻进前施工完成。

4 进、出控制井洞口范围的土体应稳固。

5 最大控制回拖力应满足管材力学性能和设备能力要求,总回拖阻力的计算可按式(8.5.26-1)进行:

$$P_h = P_F + P_z \qquad\qquad (8.5.26\text{-}1)$$

$$P_F = \pi D_K^2 R_a / 4 \qquad\qquad (8.5.26\text{-}2)$$

$$P_z = \pi D_0 L_h f_1 \qquad\qquad (8.5.26\text{-}3)$$

式中 P_h——总回拖阻力(kN);

      P_F——扩孔钻头迎面阻力(kN);

      P_z——管外壁周围摩擦阻力(kN);

      D_K——扩孔钻头外径(m),一般取管道外径的 1.2 倍~1.5 倍;

      D_0——管节外径(m);

      R_a——迎面土挤压力(kN/m²),一般情况下,黏性土可取 500 kN/m² ~ 600 kN/m²,砂性土可取 800 kN/m² ~ 1 000 kN/m²;

      L_h——回拖管段总长(m);

      f_1——管节外壁单位面积的平均摩擦阻力(kN/m²),可按本规程表 8.5.14-1 中的钢管一项取值。

6 回拖管段的地面布置应符合下列要求:

1) 待回拖管段应布置在出土点一侧,沿管道轴线方向组对连接。

2）布管场地应满足管段拼接长度要求。

3）管段的组对拼接、钢管的防腐层施工、钢管接口焊接无损检验应符合本规程第8.4节的相关规定和设计要求。

4）管段回拖前预水压试验应合格。

7 应根据工程具体情况选择导向探测系统。

8.5.27 定向钻施工应符合下列规定：

1 导向孔钻进应符合下列规定：

1）钻机必须先进行试运转，确定各部分运转正常后方可钻进。

2）第一根钻杆入土钻进时，应采取轻压慢转的方式，稳定钻进导入位置和保证入土角，且入土段和出土段应为直线钻进，其直线长度宜控制在20 m左右。

3）钻孔时应匀速钻进，并严格控制钻进给进力和钻进方向；

4）每进一根钻杆应进行钻进距离、深度、侧向位移等的导向探测，曲线段和有相邻管线段应加密探测。

5）保持钻头正确姿态，发生偏差应及时纠正，且采用小角度逐步纠偏。钻孔的轨迹偏差不得大于终孔直径，超出误差允许范围宜退回进行纠偏。

6）应绘制钻孔轨迹平面、剖面图。

2 扩孔应符合下列规定：

1）从出土点向入土点回扩，扩孔器与钻杆连接应牢固。

2）根据管径、管道曲率半径、地层条件、扩孔器类型等确定一次或分次扩孔方式，分次扩孔时每次回扩的级差宜控制在100 mm ~ 150 mm，终孔孔径宜控制在回拖管节外径的1.2倍 ~ 1.5倍。

3）严格控制回拉力、转速、泥浆流量等技术参数，确保成孔稳定或线形要求，无坍孔、缩孔等现象。

4）扩孔孔径达到终孔要求后应及时进行回拖管道施工。

3 回拖应符合下列要求：

1）应从出土点向入土点回拖。

2）回拖管段的质量、拖拉装置安装及其与管段连接等经检验合格后，方可进行拖管。

3）应严格控制钻机回拖力、扭矩、泥浆流量、回拖速度等技术参数，严禁硬拉硬拖。

4）回拖过程中应有发送装置，避免管段与地面直接接触和减小摩擦力。发送装置可采用水力发送沟、滚筒管架发送道等形式，并确保进入地层前的管段曲率半径在允许范围内。

4 定向钻施工的泥浆（液）配制应符合下列要求：

1）导向钻进、扩孔及回拖时，应及时向孔内注入泥浆（液）。

2）泥浆（液）的材料、配比和技术性能指标应满足施工要求，并可根据地层条件、钻头技术要求、施工步骤进行调整。

3）泥浆（液）应在专用的搅拌装置中配制，并通过泥浆循环池使用，从钻孔中返回的泥浆经处理后回用，剩余泥浆应妥善处置。

4）泥浆（液）的压力和流量应按施工步骤分别进行控制。

5 出现下列情况时，必须停止作业，待问题解决后方可继续作业：

1）设备无法正常运行或损坏，钻机导轨、工作井变形。

2）钻进轨迹发生突变、钻杆发生过度弯曲。

3）回转扭矩、回拖力等突变，钻杆扭曲过大或拉断。

4）坍孔、缩孔。

5）待回拖管表面及钢管外防腐层损伤。

6）遇到未预见的障碍物或意外的地质变化。

7）地层、邻近建（构）筑物、管线等周围环境的变形量超出控制允许值。

8.5.28 定向钻施工管道贯通后应做好下列工作：

1 检查露出管节的外观、管节外防腐层的损伤情况。

2 工作井洞口与管外壁之间进行封闭、防渗处理。

3 定向钻管道轴向伸长量经检测应符合管材性能要求，并应等待 24 h 后方能与已敷设的上下游管道连接。

4 定向钻施工的无压力管道，应对管道周围的钻进泥浆（液）进行置换改良，减少管道后期沉降量。

8.5.29 夯管施工技术应符合下列规定：

1 夯管施工应根据设计要求和施工方案组织实施。

2 夯管施工前应检查下列内容，确认条件具备时方可开始夯进：

1）工作井结构施工符合要求，其尺寸应满足单节管长安装、接口焊接作业、夯管锤及辅助设备布置、气动软管弯曲等要求。

2）气动系统、各类辅助系统的选择及布置符合要求，管路连接结构安全、无泄漏，阀门及仪器仪表的安装和使用安全可靠。

3）工作井内的导轨安装方向与管道轴线一致，安装稳固、直顺，确保夯进过程中导轨无位移和变形。

4）成品钢管及外防腐层质量检验合格，接口外防腐层补口材料准备就绪。

5）连接器与穿孔机、钢管刚性连接牢固、位置正确、中心轴线一致，第一节钢管顶入端的管靴制作和安装符合要求。

6）设备、系统经检验、调试合格后方可使用。滑块与导轨面接触平顺、移动平稳。

7）进、出洞口范围土体稳定。

8.5.30 夯管施工应符合下列规定：

1 第一节管入土层时应检查设备运行工作情况，并控制管道轴线位置,每夯入 1 m 应进行轴线测量,其偏差控制在 15 mm 以内。

2 后续管节夯进应符合下列规定:

1)第一节管夯至规定位置后,将连接器与第一节管分离,吊入第二节管与第一节管接口焊接。

2)后续管节每次夯进前,应待已夯入管与吊入管的管节接口焊接完成,经焊缝质量检验和外防腐层补口施工后,方可与连接器及穿孔机连接夯进施工。

3)后续管节与夯入管节连接时,管节组对拼接、焊缝和补口等质量应检验合格,并控制管节轴线,避免偏移、弯曲。

4)夯管时,应将第一节管夯入接收工作井不少于 500 mm,并检查露出部分管节的外防腐层及管口损伤情况。

3 管节夯进过程中应严格控制气动压力、夯进速率,气压必须控制在穿孔机工作气压定值内,并应及时检查导轨变形情况以及设备运行、连接器连接、导轨面与滑块接触情况等。

4 夯管完成后进行排土作业,可采用人工与机械相结合的方式排土,小口径管道可采用气压、水压方法排土,排土完成后应进行余土、残土的清理。

5 出现下列情况时,必须停止作业,待问题解决后方可继续作业:

1)设备无法正常运行和损坏,导轨、工作井变形。

2)气动压力超出规定值。

3)穿孔机在正常的工作气压、频率、冲击功等条件下,管节无法夯入或变形、开裂。

4)钢管夯入速率突变。

5)连接器损伤、管节接口破坏。

6)遇到未预见的障碍物或意外的地质变化。

7） 地层、邻近建（构）筑物、管线等周围环境的变形量超出控制值。

8.5.31 夯管施工过程监测和保护应符合下列规定：

1 定向钻的入土点、出土点以及夯管的起始、接续工作井设有专人联系和有效的联系方式。

2 定向钻施工时，应做好待回拖管段的检查、保护工作。

3 根据地质条件、周围环境、施工方式等，对沿线地面、建（构）筑物、管线等进行监测，并做好保护工作。

8.5.32 夯管施工管道贯通后应进行贯通测量和检查，并按本规程8.4节的规定和设计要求进行内防腐施工。

8.6 管道附属构筑物

8.6.1 管道附属构筑物应符合下列规定：

1 本章适用于给排水管道工程中的各类井室、支墩、雨水口工程。管道工程中涉及的小型抽升泵房及其取水口、排放口构筑物应符合现行国家标准《给水排水构筑物工程施工及验收规范》GB 50141 的有关规定。

2 管道附属构筑物的位置、结构类型和构造尺寸等应按设计要求施工。

3 管道附属构筑物的施工除应符合本章规定外，其砌筑结构、混凝土结构施工还应符合国家有关规范规定。

4 管道附属构筑物的基础（包括支墩侧基）应建在原状土上，当原状土基松软或被扰动时，应按设计要求进行地基处理。

5 施工中应采取相应的技术措施，避免管道主体结构与附属构筑物之间产生过大差异沉降，而致使结构开裂、变形、破坏。

6 管道接口不得包覆在附属构筑物的结构内部。

8.6.2 井室应符合下列规定：

1 井室的混凝土基础应与管道基础同时浇筑，施工应满足本规程 8.4.2 条的规定。

2 管道穿过井壁的施工应符合设计要求，设计无要求时应符合下列规定：

1）混凝土类管道、金属类无压管道，其管外壁与砌筑井壁洞圈之间为刚性连接时水泥砂浆应坐浆饱满、密实。

2）金属类压力管道，其井壁洞圈应预设套管，管道外壁与套管的间隙应四周均匀一致，其间隙宜采用柔性或半柔性材料填嵌密实。

3）化学建材管道宜采用中介层法与井壁洞圈连接。

4）对于现浇混凝土结构井室，井壁洞圈应振捣密实。

5）排水管道接入检查井时，管口外缘与井内壁平齐，接入管径大于 300 mm 时，对于砌筑结构井室应砌砖圈加固。

3 砌筑结构的井室施工应符合下列规定：

1）砌筑前砌块应充分湿润，砌筑砂浆配合比符合设计要求，现场拌制应拌和均匀、随用随拌。

2）排水管道检查井内的流槽，宜与井壁同时进行砌筑。

3）砌块应垂直砌筑，需收口砌筑时，应按设计要求的位置设置钢筋混凝土梁进行收口。圆井采用砌块逐层砌筑收口，四面收口时每层收进不应大于 30 mm，偏心收口时每层收进不应大于 50 mm。

4）砌块砌筑时，铺浆应饱满，灰浆与砌块四周黏结紧密、不得漏浆，上下砌块应错缝砌筑。

5）砌筑时应同时安装踏步，踏步安装后在砌筑砂浆未达到规定抗压强度前不得踩踏。

6）内外井壁应采用水泥砂浆勾缝。有抹面要求时，抹面应分层压实。

4 预制装配式结构的井室施工应符合下列要求：

1）预制构件及其配件经检验符合设计和安装要求。

2）预制构件装置位置和尺寸正确，安装牢固。

3）采用水泥砂浆接缝时，企口坐浆与竖缝灌浆应饱满，装配后的接缝砂浆凝结硬化期间应加强养护，并不得受外力碰撞或震动。

4）设有橡胶密封圈时，胶圈应安装稳固，止水严密可靠。

5）设有预留短管的预制构件，其与管道的连接应按本规程8.4节的有关规定执行。

6）底板与井室、井室与盖板之间的拼缝，水泥砂浆应填塞严密，抹角光滑平整。

5 现浇钢筋混凝土结构的井室施工应符合下列要求：

1）浇筑前，钢筋、模板工程经检验合格，混凝土配合比满足设计要求。

2）振捣密实，无漏振、走模、漏浆等现象。

3）及时进行养护，强度等级未达设计要求不得受力。

4）浇筑时应同时安装踏步，踏步安装后在混凝土未达到规定抗压强度前不得踩踏。

6 有支、连管接入的井室，应在井室施工的同时安装预留支、连管，预留管的管径、方向、高程应符合设计要求，管与井壁衔接处应严密，排水检查井的预留管管口宜采用低强度砂浆砌筑封口抹平。

7 井室施工达到设计高程后，应及时安装井圈，井圈应以水泥砂浆坐浆并安放平稳。

8 井室内部处理应符合下列要求：

1）预留孔、预埋件应符合设计和管道施工工艺要求。

2）排水检查井的流槽表面应平顺、圆滑、光洁，并与上下游管道底部接顺。

3）透气井及排水落水井、跌水井的工艺尺寸应按设计要求进行施工。

4）阀门井的井底距承口或法兰盘下缘以及井壁与承口或法兰盘外缘应留有安装作业空间，其尺寸应符合设计要求。

5）不开槽法施工的管道，工作井作为管道井室使用时，其洞口处理及井内布置应符合设计要求。

9 给排水井盖选用的型号、材质应符合设计要求，设计无要求时，宜采用复合材料井盖，行业标志明显。道路上的井室必须使用重型井盖，装配稳固。

10 井室周围回填土必须符合设计要求和本规程 8.3.5 条的有关规定。

8.6.3 支墩应符合下列规定：

1 管节及管件的支墩和锚定结构位置准确，锚定牢固。钢制锚固件必须采取相应的防腐处理。

2 支墩应在紧固的地基上修筑。无原状土作后背墙时，应采取措施保证支墩在受力情况下，不致破坏管道接口。采用砌筑支墩时，原状土与支墩之间应采用砂浆填塞。

3 支墩应在管节接口做完、管节位置固定后修筑。

4 支墩施工前，应将支墩部位的管节、管件表面清理干净。

5 支墩宜采用混凝土浇筑，其强度等级不应低于C20。采用砌筑结构时，水泥砂浆强度不应低于 M7.5。

6 管节安装过程中的临时固定支架，应在支墩的砌筑砂浆或混凝土达到规定强度后方可拆除。

7 管道及管件支墩施工完毕，并达到强度要求后方可进行水压试验。

8.6.4 雨水口应符合下列规定：

1 雨水口的位置及深度应符合设计要求。

2 基础施工应符合下列规定：

1）开挖雨水口槽及雨水管支管槽，每侧宜留出 300 mm ~ 500 mm 的施工宽度。

2）槽底应夯实并及时浇筑混凝土基础。

3）采用预制雨水口时，基础顶面宜铺设 20 mm ~ 30 mm 厚的砂垫层。

3 雨水口砌筑应符合下列规定：

1）管端面的雨水口内的露出长度，不得大于 20 mm，管端面应完整无破损。

2）砌筑时，灰浆应饱满，随砌随勾缝，抹面应压实。

3）雨水口底部应用水泥砂浆抹出雨水口泛水坡。

4）砌筑完成后雨水口内应保持清洁，及时加盖，保证安全。

4 预制雨水口安装应牢固，位置平正，并符合本规程 8.4 节的规定。

5 雨水口与检查井的连接管的坡度应符合设计要求，管道铺设应符合本规程 8.4 节的有关规定。

6 位于道路下的雨水口、雨水支、连管应根据设计要求浇筑混凝土基础。坐落于道路基层内的雨水支、连管应作 C25 级混凝土全包封，且包封混凝土达到 75%设计强度前，不得放行交通。

7 井框、井算应完整无损、安装平稳、牢固。

8 井周回填土应符合设计要求和本规程 8.3.5 条的有关规定。

8.7　检查井盖

8.7.1　施工准备工作应包括下列内容：

1　采用锥形桶对需要新建或更换处进行打围工作，如是夜间施工，需在锥形桶上加挂猫眼灯，施工段设置 LED 灯。施工人员必须按规范要求着反光背心，戴安全帽。

2　施工材料（井盖、调节环、砂石、水泥）及机器设备模具需提前备齐，制定日、周、季安装计划。

3　按制定的日、周、季安装计划进行井盖施工，及时纠偏。

8.7.2　下承式井盖施工工艺应符合下列规定：

1　人工清理检查井井座周围至路面基层，保证井座安装前，施工作业面干净整洁，井筒顶面应无明显凹凸不平现象，用靠尺测定纵横向坡度及竖向高差。如有凹凸不平现象，需采用电风镐再次进行清底。

2　根据现场井盖尺寸及井圈的设计要求，确定井盖施工范围（一般是以井口为中心的方形，井外壁宽出 25 cm），在检查井井筒下方 25 cm ~ 30 cm 处按 120° 钻孔（3 个孔）植筋，在钢筋上垫木板和麻袋，避免拆除过程中建渣掉进检查井内。

3　安装调节环，根据路面高度调整井座位置（用靠尺对照路面高程及纵横坡度），在调节环上座浆（M7.5 砂浆），将井座安置在调节环上，挤压后堆积的砂浆应清除干净。井座安装完毕后，将螺帽拧紧，使其稳固在调节环上。

4　安置球墨铸铁检查井井座，调整膨胀螺栓孔位进行钻孔并预埋 M12 膨胀螺栓（预埋螺栓不得少于 3 个；无法安装预埋螺栓的，必须采用其他方式加固井框，如钢筋网）。

5 根据路面横坡和高度调整井座位置（用靠尺对照路面高程及纵横坡度），井座安装完毕后，将螺帽拧紧，使其稳固在调节环上。

6 在施工过程中，井周外延 1.5 m 范围内安放锥形桶，做好养护工作。

7 养护完毕后，应及时收回防护器具，开放交通，并将施工过程中的各类资料整理归档，等待验收。

8.7.3 可调式防沉降井盖施工工艺应符合下列规定：

1 人工清理检查井井座周围至路面基层，保证井座安装前，施工作业面干净整洁，井筒顶面应无明显凹凸不平现象，用靠尺测定纵横向坡度及竖向高差。如有凹凸不平现象，需采用电风镐再次进行清底。

2 根据现场井盖尺寸及井圈的设计要求，确定井盖施工范围（一般是以井口为中心的方形，井外壁宽出 25 cm），在检查井井筒下方 25 cm ~ 30 cm 处设置防建渣坠落装置，避免拆除过程中建渣掉进检查井内。

3 安装调节环，调整井筒内径，再次用靠尺测定纵横向坡度及竖向高差。（若清除路面基层未达到施工深度要求时，再调整检查井井筒顶面标高，尽量调整到适合安装调节环的深度。）

4 安置限位井筒，摊铺沥青混凝土。

5 采用电动手夯逐层夯击密实（5 cm 为一层）。

6 取出限位井筒，安装三防井盖。

7 压路机碾压平整，用靠尺检测平整度。

8 在施工过程中，井周外延 1.5 m 范围内安放锥形桶，做好养护工作。

9 养护完毕后，应及时收回防护器具，开放交通，并将施工过程中的各类资料整理归档，等待验收。

8.8 管道功能性试验

8.8.1 管道功能性实验应符合下列规定：

1 给排水管道安装完成后应按下列要求进行管道功能性试验：

1）压力管道应进行压力管道水压试验，试验分为预试验和主试验阶段，试验合格的判定依据分为允许压力降值和允许渗水量值，按设计要求确定，设计无要求时，应根据工程实际情况，选用其中一项值或同时采用两项值作为试验合格的最终判定依据。

2）无压管道应进行管道的严密性试验，严密性试验分为闭水试验和闭气试验，按设计要求确定，设计无要求时，应根据实际情况选择闭水试验或闭气试验进行管道功能性试验。

3）压力管道水压试验进行实际渗水量测定时，宜采用附录A注水法。

2 管道功能性试验涉及水压、气压作业时，应有安全防护措施，作业人员应按相关安全作业规程进行操作。管道水压试验和冲洗消毒排出的水，应及时排放至规定的地点，不得影响周围环境和造成积水，并应采取措施确保人员、交通通行和附近设施的安全。

3 压力管道水压试验或闭水试验前，应做好水源的引接、排水的疏导等方案。

4 向管道内注水应从下游缓慢注入，注入时试验管段上游的管顶及管段中的高点应设置排气阀，将管道内的气体排除。

5 冬季进行压力管道水压或闭水试验时，应采取防冻措施。

6 单口水压试验合格的大口径球墨铸铁管、玻璃钢管、预应力钢筒混凝土管或预应力混凝土管等管道，设计无要求时应符合下列要求：

1）压力管道可免去预试验阶段，而直接进行主试验阶段；

2）无压管道应认同严密性试验合格，无须进行闭水或闭气试验。

7 全断面整体现浇的钢筋混凝土无压管渠处于地下水位以下时，除设计有要求外，管渠的混凝土强度、抗渗性能应检验合格，并按本规程附录 D 的规定进行检查，符合设计要求时，可不必进行闭水试验。

8 管道采用两种（或两种以上）管材时，宜按不同管材分别进行试验，不具备分别试验的条件时必须进行组合试验，当设计无具体要求时，应采用不同管材的管段中试验控制最严的标准进行试验。

9 管道的试验长度除本规程规定和设计另有要求外，压力管道水压试验的管段长度不宜大于 1.0 km，无压力管道的闭水试验，条件允许时可一次试验不超过 5 个连续井段，对于无法分段试验的管道，应由工程有关方面根据工程具体情况确定。

10 给水管道必须经水压试验合格，并网运行前进行冲洗与消毒，经检验水质达到标准后，方可允许并网通水投入运行。

11 污水、雨污水合流管道及湿陷土、膨胀土、流砂地区的雨水管道，必须经严密性试验合格后方可投入运行。

8.8.2 压力管道水压试验应符合下列规定：

1 水压试验前，施工单位应编制试验方案，施工方案中应包括下列内容：

1）后背及堵板的设计。

2）进水管路、排气孔及排水孔的设计。

3）加压设备、压力计的选择及安装设计。

4）排水疏导措施。

5）升压分级的划分及观测制度的规定。

6）试验管段的稳定措施和安全措施。

2 试验管段的后背应符合下列要求：

1）后背应设在原状土或人工后背上，土质松软时应采取加固措施。

2）后背墙面应平整并与管道轴线垂直。

3 采用钢管、化学建材管的压力管道，管道中最后一个焊接接口完毕 1 h 后方可进行水压试验。

4 水压试验管道内径大于或等于 600 mm 时，试验管段端部的第一个接口应采用柔性接口，或采用特制的柔性接口堵板。

5 水压试验采用的设备、仪表规格及其安装应符合下列规定：

1）采用弹簧压力计时，精度不低于 1.5 级，最大量程宜为试验压力的 1.3 倍~1.5 倍，表壳的公称直径不宜小于 150 mm，使用前经校正并具有符合规定的检定证书。

2）水泵、压力计应安装在试验段的两端部与管道轴线相垂直的支管上。

6 开槽施工管道试验前，附属设备安装应符合下列要求：

1）非隐蔽管道的固定设施已按设计要求安装合格。

2）管道附属设备已按要求紧固、锚固合格。

3）管件的支墩、锚固设施混凝土强度已达到设计强度。

4）未设置支墩、锚固设施的管件，应采取加固措施并检查合格。

7 水压试验前，管道回填土应符合下列要求：

1）管道安装检查合格后，应按本规程 8.3.5 条的规定回填土。

2）管道顶部回填土宜留出接口位置以便检查渗漏处。

8 水压试验前准备工作应符合下列要求：

1）试验管段所有敞口应封闭，不得有渗漏水现象。

2）试验管段不得用闸阀做堵板，不得含有消火栓、水锤消除器、安全阀等附件。

3）水压试验前应清除管道内的杂物。

9 试验管段注满水后，宜在不大于工作压力条件下充分浸泡后再进行水压试验，浸泡时间应符合表 8.8.2-1 的规定：

表 8.8.2-1 压力管道水压试验前浸泡时间

管材种类	管道内径 D（mm）	浸泡时间（h）
球墨铸铁管（有水泥砂浆衬里）	D	≥24
钢管（有水泥砂浆衬里）	D	≥24
化学建材管	D	≥24
现浇钢筋混凝土管渠	D≤1000	≥48
	D＞1000	≥72
预（自）应力混凝土管、预应力钢筒混凝土管	D≤1000	≥48
	D＞1000	≥72

10 水压试验应符合下列规定：

1）试验压力应按表 8.8.2-2 选择确定：

表 8.8.2-2 压力管道水压试验的试验压力（MPa）

管材种类	工作压力 P	试验压力
钢管	P	P+0.5，且不小于 0.9
球墨铸铁管	≤0.5	$2P$
	＞0.5	P+0.5
预（自）应力混凝土管、预应力钢筒混凝土管	≤0.6	1.5P
	＞0.6	P+0.3
现浇钢筋混凝土管渠	≥0.1	1.5P
化学建材管	≥0.1	1.5P，且不小于 0.8

2）预试验阶段：将管道内水压缓缓地升至试验压力并稳压30 min，期间如有压力下降可注水补压，但不得高于试验压力，检查管道接口、配件等处有无漏水、损坏现象，有漏水、损坏现象时应及时停止试压，查明原因并采取相应措施后重新试压。

3）主试验阶段：停止注水补压，稳定15 min，当15 min后压力下降不超过表8.8.2-3中所列允许压力降数值时，将试验压力降至工作压力并保持恒压30 min，进行外观检查，若无漏水现象，则水压试验合格。

表8.8.2-3　压力管道水压试验的允许压力降（MPa）

管材种类	试验压力	允许压力降
钢管	$P+0.5$，且不小于0.9	0
球墨铸铁管	$2P$	0.03
	$P+0.5$	
预（自）应力混凝土管、预应力钢筒混凝土管	$1.5P$	
	$P+0.2$	
现浇钢筋混凝土管渠	$1.5P$	
化学建材管	$1.5P$，且不小于0.8	0.02

4）管道升压时，管道的气体应排除。升压过程中，发现弹簧压力计表针摆动、不稳，且升压较慢时，应重新排气后再升压。

5）应分级升压，每升一级应检查后背、支墩、管身及接口，无异常现象时再继续升压。

6）水压试验过程中，后背顶撑、管道两端严禁站人。

7）水压试验时，严禁修补缺陷，遇有缺陷时，应做出标记，卸压后修补。

11 压力管道采用允许渗水量进行最终合格判定依据时，实测渗水量应小于或等于表 8.8.2-4 的规定及下列公式规定的允许渗水量。

表 8.8.2-4　压力管道水压试验的允许渗水量

管道内径 D （mm）	允许渗水量[L/（min·km）]		
	焊接接口钢管	球墨铸铁管、玻璃钢管	预（自）应力混凝土管 预应力钢筒混凝土管
100	0.28	0.70	1.40
150	0.42	1.05	1.72
200	0.56	1.40	1.98
300	0.85	1.70	2.42
400	1.00	1.95	2.80
600	1.20	2.40	3.14
800	1.35	2.70	3.96
900	1.45	2.90	4.20
1000	1.50	3.00	4.42
1200	1.65	3.30	4.70
1400	1.75	-	5.00

1）当管道内径大于表 8.8.2-4 规定时，实测渗水量应小于或等于按下列公式计算的允许渗水量：

钢管：

$$q_y = 0.05\sqrt{D}$$ （8.8.2-1）

球墨铸铁管（玻璃钢管）：

$$q_y = 0.1\sqrt{D}$$ （8.8.2-2）

预（自）应力混凝土管、预应力钢筒混凝土管：

$$q_y = 0.14\sqrt{D}$$ （8.8.2-3）

2）现浇钢筋混凝土管渠实测渗水量应小于或等于按下式计算的允许渗水量：

$$q_y = 0.014D$$ （8.8.2-4）

3）硬聚氯乙烯管实测渗水量应小于或等于按下式计算的允许渗水量：

$$q_y = \frac{DP}{3600\alpha}$$ （8.8.2-5）

式中 q_y——允许渗水量[L/（min·km）]；

　　　D——管道内径（mm）；

　　　P——压力管道的工作压力（MPa）；

　　　α——温度-压力折减系数，当试验水温为 0 ℃ ~ 25 ℃ 时 α 取 1，25 ℃ ~ 35 ℃ 时 α 取 0.8，35 ℃ ~ 45 ℃ 时 α 取 0.63。

8.8.3 聚乙烯管、聚丙烯管及其复合管的水压试验除应符合本规程 8.8.2 条的规定外，其预试验、主试验阶段应按下列规定执行：

1 预试验阶段：按本规程 8.8.2 条第 9 款的规定完成后，应停止注水补压并稳定 30 min，当 30 min 后压力下降不超过试验压力的 70% 时，预试验结束，否则重新注水补压并稳定 30 min 再进行观测，直至 30 min 后压力下降不超过试验压力的 70%。

2 主试验阶段应符合下列规定：

1）在预试验阶段结束后，迅速将管道泄水降压，降压量为试验压力的 10%～15%，期间应准确计量降压所泄出的水量（ΔV），并按下式计算允许泄出的最大水量ΔV_{max}：

$$\Delta V_{max} = 1.2V\Delta P\left(\frac{1}{E_w} + \frac{D}{e_n E_p}\right) \qquad (8.8.3)$$

式中 V——试压管段总容积（L）；

ΔP——降压量（MPa）；

E_w——水的体积模量（MPa），不同水温时 E_w 值可按表 8.8.3 采用；

E_p——管道弹性模量（MPa），与水温和试压时间有关；

D——管道内径（mm）；

e_n——管道公称壁厚（mm）。

表 8.8.3 温度与体积模量关系

温度（℃）	体积模量 E_w（MPa）	温度（℃）	体积模量 E_w（MPa）	温度（℃）	体积模量 E_w（MPa）
5	2080	15	2140	25	2210
10	2110	20	2170	30	2230

ΔV 小于或等于ΔV_{max} 时，则按本款的 2）、3）、4）项进行作业，ΔV 大于ΔV_{max} 时应停止试压，排除管内过量空气后再从预试验阶段开始重新试验。

2）每隔 3 min 记录一次管道剩余压力，应记录 30 min，若 30 min 内管道剩余压力有上升趋势，则水压试验结果合格。

3）若 30 min 内管道剩余压力无上升趋势，则应持续观察

60 min，若整个 90 min 内压力下降不超过 0.02 MPa，则水压试验结果合格。

4）若主试验阶段上述两条均不满足，则水压试验结果不合格，应查明原因并采取相应措施后再重新组织试压。

8.8.4 大口径球墨铸铁管、玻璃钢管及预应力钢筒混凝土管道的接口单口水压试验应符合下列规定：

1 安装时应注意将单口水压试验用的进水口（管材出厂时已加工）置于管道顶部。

2 管道接口连接完毕后进行单口水压试验，试验压力为管道设计压力的 2 倍，且不得小于 0.2 MPa。

3 试压采用手提式打压泵，管道连接后将试压嘴固定在管道承口的试压孔上，连接试压泵，将压力升至试验压力，恒压 2 min，无压力降为合格。

4 试压合格后，取下试压嘴，在试压孔上拧上 M10×20 mm 不锈钢螺栓并拧紧。

5 水压试验时应先排净水压腔内的空气。

6 单口试压不合格且确认是接口漏水时，应马上拔出管节，找出原因，重新安装，直至符合要求为止。

8.8.5 无压管道的闭水试验应符合下列规定：

1 闭水试验法应按设计要求和试验方案进行。

2 试验管段应按井距分隔，抽样选取，带井试验。

3 无压管道闭水试验时，试验管段应符合下列规定：

1）管道及检查井外观质量已验收合格。

2）管道未回填土且沟槽内无积水。

3）全部预留孔应封堵，不得渗水。

4）管道两端堵板承载力经核算应大于水压力的合力，除预留进出水管外，应封堵坚固，不得渗水。

5）顶管施工，其注浆孔封堵且管口按设计要求处理完毕，地下水位于管底以下。

4　管道闭水试验应符合下列规定：

1）试验段上游设计水头不超过管顶内壁时，试验水头应以试验段上游管顶内壁加 2 m 计。

2）试验段上游设计水头超过管顶内壁时，试验水头应以试验段上游设计水头加 2 m 计。

3）计算出的试验水头小于 10 m，但已超过上游检查井井口时，试验水头应以上游检查井井口高度为准。

4）管道闭水试验应按本规程附录 B（闭水法试验）进行。

5　管道闭水试验时，应进行外观检查，不得有漏水现象，且符合下列规定时，管道闭水试验为合格：

1）实测渗水量小于或等于表 8.8.5 规定的允许渗水量。

2）管道内径大于表 8.8.5 规定时，实测渗水量应小于或等于按下式计算的允许渗水量：

$$q_y = 1.25\sqrt{D} \qquad\qquad (8.8.5\text{-}1)$$

3）异型截面管道的允许渗水量可按周长折算为圆形管道计；

4）化学建材管道的实测渗水量应小于或等于按下式计算的允许渗水量。

$$q_y = 0.0046D \qquad\qquad (8.8.5\text{-}2)$$

式中　q_y——允许渗水量[$m^3/$（$24 h \cdot km$）]；

D——管道内径（mm）。

表 8.8.5　无压管道闭水试验允许渗水量

管材	管道内径 D（mm）	允许渗水量 [$m^3/$（24 h·km）]	管道内径 D（mm）	允许渗水量 [$m^3/$（24 h·km）]
钢筋混凝土管	200	17.60	1200	43.30
	300	21.62	1300	45.00
	400	25.00	1400	46.70
	500	27.95	1500	48.40
	600	30.60	1600	50.00
	700	33.00	1700	51.50
	800	35.35	1800	53.00
	900	37.50	1900	54.48
	1000	39.52	2000	55.90
	1100	41.45	—	—

6　管道内径大于 700 mm 时，可按管道井段数量抽样选取 1/3进行试验，试验不合格时，抽样井段数量应在原抽样基础上加倍进行试验。

7　不开槽施工的内径大于或等于 1 500 mm 钢筋混凝土管道，设计无要求且地下水位高于管道顶部时，可采用内渗法测渗水量，渗漏水量测方法按附录 F 的规定进行，符合下列规定时，管道抗渗性能满足要求，不必再进行闭水试验：

1）管壁不得有线流、滴漏现象。

2）对有水珠、渗水部位应进行抗渗处理。

3）管道内渗水量不超过下式计算的允许值：

$$q_y \leqslant 2\,\text{L/(m}^2 \cdot \text{d)} \qquad (8.8.5\text{-}3)$$

8.8.6 无压管道的闭气试验应符合下列规定：

1 闭气试验适用于混凝土类的无压管道在回填土前进行的严密性试验。

2 闭气试验时，地下水位应低于管外底 150 mm，环境温度为 −15 ℃ ~ 50 ℃。

3 下雨时不得进行闭气试验。

4 闭气试验合格标准应符合下列规定：

1）规定标准闭气试验时间符合表 8.8.6 的规定，管内实测气体压力 $P \geqslant 1\,500$ Pa 则管道闭气试验合格。

表 8.8.6　钢筋混凝土无压管道闭气检验规定标准闭气时间

管内径 D（mm）	管内气体压力（Pa）		规定标准闭气时间	管内径 D（mm）	管内气体压力（Pa）		规定标准闭气时间
	起点压力	终点压力			起点压力	终点压力	
300	—	—	1 min45 s	1300			16 min45 s
400			2 min30 s	1400			19 min00 s
500			3 min15 s	1500			20 min45 s
600			4 min45 s	1600			22 min30 s
700			6 min15 s	1700	2000	≥1500	24 min00 s
800	2000	≥1500	7 min15 s	1800			25 min45 s
900			8 min30 s	1900			28 min00 s
1000			10 min30 s	2000			30 min00 s
1100			12 min15 s	2100			32 min30 s
1200			15 min00 s	2200			35 min00 s

2）被检测管道内径大于或等于 1600 mm 时，应记录测试时管内气体温度（°C）的起始值 T_1 及终止值 T_2，并记录达到标准闭气时间时膜盒表显示的管内压力值 P，用下列公式加以修正，修正后管内气体压降值ΔP 按下式计算，ΔP 如果小于 500 Pa，则管道闭气试验合格。

$$\Delta P = 103300 - (P + 101300)(273 + T_1)/(273 + T_2) \qquad （8.8.6）$$

3）管道闭气试验不合格时，应进行漏气检查、修补后复检。

4）闭气试验装置及程序见附录 C。

8.8.7 给水管道冲洗与消毒应符合下列规定：

1 给水管道冲洗与消毒应符合下列要求：

1）给水管道严禁取用污染水源进行水压试验、冲洗，施工管段距污染水水域较近时，必须严格控制污染水进入管道，如不慎污染管道，应由水质检测部门对管道污染水进行化验，并按其要求在管道并网运行前进行冲洗与消毒。

2）管道冲洗与消毒应编制实施方案。

3）施工单位应在建设单位、管理单位的配合下进行冲洗与消毒。

4）冲洗时，应避开用水高峰，冲洗流速不小于 1.0 m/s，并应连续冲洗。

2 给水管道冲洗消毒准备工作应符合下列要求：

1）用于冲洗管道的清洁水源已经确定。

2）消毒方法和用品已经确定，并准备就绪。

3）排水管道已安装完毕，并保证畅通、安全。

4）冲洗管段末端已设置方便、安全的取样口。

5）照明和维护等措施已经落实。

3 管道冲洗与消毒应符合下列规定：

1）管道第一次冲洗应用清洁水冲洗至出水口水样浊度小于3NTU 为止，冲洗速度应大于 1.0 m/s。

2）管道第二次冲洗应在第一次冲洗后，用有效氯离子含量不低于 20 mg/L 的清洁水浸泡 24 h 后，再用清洁水进行第二次冲洗直至水质检测、管理部门取样化验合格为止。

9 园区市政管网工程验收

9.1 一般规定

9.1.1 园区市政管网工程的验收除符合本规程的规定外，尚应符合国家现行相关质量验收标准的要求。

9.1.2 电力电缆、通信、照明工程验收在满足电力电缆、通信、照明工程等专业规范的前提下，应按照《给水排水管道工程施工及验收规范》GB 50268 验收。

9.1.3 参加园区市政管网工程施工质量验收的各方人员应具备相应的资格。

9.1.4 园区市政管网工程施工质量的验收应在施工单位自行检查，评定合格的基础上进行。

9.2 园区市政管网工程质量验收的划分

9.2.1 园区市政管网工程质量验收应划分为单位工程、分部工程、分项工程和检验批。

9.2.2 单位工程应按下列原则划分：

1 具备独立施工条件并能形成独立使用功能的构筑物为一个单位工程。

2 对于规模较大的单位工程，可将其能形成独立使用功能的部分划分为一个子单位工程。

9.2.3 分部工程应按下列原则划分：

1 可按专业性质、工程部位确定。

2 当分部工程较大或较复杂时，可按材料种类、施工特点、施工程序、专业系统及类别将分部工程划分为若干分部工程。

9.2.4 分项工程可按主要工种、材料、施工工艺、设备类别等进行划分。

9.2.5 检验批可根据施工、质量控制和专业验收的需要，按工程量、施工段、变形缝等进行划分。

9.2.6 施工前，应由施工单位制定分项工程和检验批的划分方案，并由监理单位审核。

9.3 园区市政管网工程质量验收

9.3.1 检验批合格质量应符合下列规定：

1 主控项目的质量经抽样检验均应合格。

2 一般项目的质量经抽样检验合格，当采用计数抽样时，合格点率应符合有关专业验收规范的规定，且不得存在严重缺陷。对于计数抽样的一般项目，正常检验一次、二次抽样可按《建筑工程施工质量验收统一标准》GB 50300 执行。

3 具有完整的施工操作依据、质量检查记录。

9.3.2 分项工程质量验收合格应符合下列规定：

1 所含检验批的质量均应验收合格。

2 所含检验批的质量验收记录应完整。

9.3.3 分部工程质量验收合格应符合下列规定：

1 所含分项工程的质量均应验收合格。

2 质量控制资料应完整；

3 有关安全、节能、环境保护和主要使用功能的检验和抽样检测结果应符合有关规定；

4 观感质量验收应符合要求。

9.3.4 单位工程质量验收合格应符合下列规定：

1 所含分部工程的质量均应验收合格。

2 质量控制资料应完整。

3 所含分部工程中有关安全、节能、环境保护和主要使用功能的检测资料应完整。

4 主要使用功能的抽查结果应符合相关专业验收规范的规定。

5 观感质量应符合要求。

9.3.5 园区市政管网工程质量验收记录可参照《建筑工程施工质量验收统一标准》GB 50300 相关规定填写。

9.3.6 当园区市政管网工程施工质量不符合要求时，应按下列规定进行处理：

1 经返工或返修的检验批，应重新进行验收。

2 经有资质的检测机构检测鉴定能够达到设计要求的检验批，应予以验收。

3 经有资质的检测单位检测鉴定达不到设计要求，但经原设计单位核算认可能够满足安全和使用功能的检验批，可予以验收。

4 经返修或加固处理的分项、分部工程，满足安全及使用功能要求时，可按技术处理方案和协商文件的要求予以验收。

9.3.7 经返修或加固处理仍不能满足安全或重要使用要求的分部工程及单位工程，严禁验收。

附录 A 注水法试验

A.0.1 压力升至试验压力后开始计时，每当压力下降时，应及时向管道内补水，但最大压降不得大于 0.03 MPa，保持管道试验压力恒定，恒压延续时间不得少于 2 h，并计量恒压时间内补入试验管段内的水量。

A.0.2 实测渗水量应按式（A.0.2）计算：

$$q_s = \frac{W}{T \cdot L} \times 1000 \qquad\qquad (A.0.2)$$

式中 q_s——实测渗水量（L/min·km）；

W——恒压时间内补入管道的水量（L）；

T——从开始计时至保持恒压结束的时间（min）；

L——试验管段的长度（m）。

A.0.3 注水法试验应进行记录，记录表格宜符合表 A.0.3 的规定。

表A.0.3 注水法试验记录表

工程名称			试验日期	年　月　日
桩号及地段				

管道内径（mm）	管材种类	接口种类	试验段长度（m）

工作压力（MPa）	试验压力（MPa）	15 min 降压值（MPa）	允许渗水量 [L/（min·km）]

	次数	达到试验压力的时间 t_1	恒压结束时间 t_2	恒压时间 T（min）	恒压时间内补入的水量 W（L）	实测渗水量 q [L/（min·km）]
渗水量测定记录	1					
	2					
	3					
	4					
	5					
	折合平均实测渗水量[L/（min·km）]					
外观						
评语						

施工单位：　　　　　　　　　　试验负责人：

监理单位：　　　　　　　　　　设计单位：

建设单位：　　　　　　　　　　记录员：

附录 B 闭水法试验

B. 0. 1 闭水法试验应符合下列规定:

  1 试验管段灌满水后浸泡时间不应少于 24 h。

  2 试验水头应按本规程第 8.8.5 条的规定确定。

  3 试验水头达到规定水头时开始计时,观测管道的渗水量,直至观测结束时,应不断地向试验管段内补水,保持试验水头恒定。渗水量的观测时间不得小于 30 min。

  4 实测渗水量应按下式计算:

$$q_\mathrm{s} = \frac{W}{T \cdot L} \qquad\qquad (\mathrm{B.0.1})$$

式中 q_s——实测渗水量[L/(min·km)];

      W——恒压时间内补入管道的水量(L);

      T——从开始计时至保持恒压结束的时间(min);

      L——试验管段的长度(m)。

B. 0. 2 闭水试验应作记录,记录表格应符合表 B.0.2 的规定。

表 B.0.2 管道闭水试验记录表

工程名称			试验日期		年 月 日
桩号及地段					
管道内径（mm）		管材种类		接口种类	试验段长度（m）
试验段上游设计水头（m）			试验水头（m）		允许渗水量 [m³/（24 h·km）]

渗水量测定记录	次数	观测起始时间 t_1	观测结束时间 t_2	恒压时间 T（min）	恒压时间内补入的水量 W（L）	实测渗水量 q [L/（min·km）]
	1					
	2					
	3					
	折合平均实测渗水量[L/（min·km）]					
外观记录						
评语						

施工单位：　　　　　　　　　　试验负责人：

监理单位：　　　　　　　　　　设计单位：

建设单位：　　　　　　　　　　记录员：

143

附录 C 闭气法试验

C.0.1 将进行闭气检验的排水管道两端用管堵密封，然后向管道内填充空气至一定的压力，在规定闭气时间测定管道内气体的压降值。检验装置如图 C.0.1 所示。

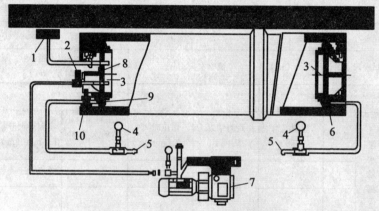

图 C.0.1 排水管道闭气检验装置图
1—膜盒压力表；2—气阀；3—管堵塑料封板；4—压力表；5—充气嘴；
6—混凝土排水管道；7—空气压缩机；8—温度传感器；
9—密封胶圈；10—管堵支撑脚

C.0.2 检验步骤应符合下列规定：

1 对闭气试验的排水管道两端管口与管堵接触部分的内壁应进行处理，使其洁净磨光。

2 调整管堵支撑脚，分别将管堵安装在管道内部两端，每端接上压力表和充气罐，如图 C.0.1 所示。

3 用打气筒向管堵密封胶圈内充气加压，观察压力表显示至

144

0.05 MPa ~ 0.20 MPa，且不宜超过 0.20 MPa，将管道密封；锁紧管堵支撑脚，将其固定。

4 用空气压缩机向管道内充气，膜盒表显示管道内气体压力至 3000 Pa，关闭气阀，使气体趋于稳定。记录膜盒表读数从 3000 Pa 降至 2000 Pa 历时不应少于 5 min；气压下降较快，可适当补气，下降太慢，可行当放气。

5 膜盒表显示管道内气体压力达到 2000 Pa 时开始计时，到满足该管径的标准闭气时间规定（见本规程表 7.8.6）时计时结束。记录此时管内实测气体压力 P，如 $P \geqslant 1500$ Pa 则管道闭气试验合格，反之为不合格。管道闭气试验记录表见表 C.0.2。

6 管道闭气检验完毕，必须先排除管道内气体，再排除管堵密封圈内气体，最后卸下管堵。

7 管道闭气检验工艺流程应符合图 C.0.2 的规定。

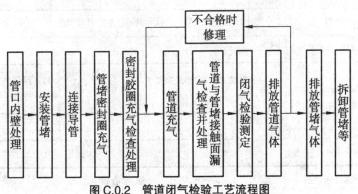

图 C.0.2　管道闭气检验工艺流程图

C.0.3 漏气检查应符合下列规定：

1 管堵密封胶圈严禁漏气。

检查方法：管堵密封胶圈充气达到规定压力值 2 min 后，应无压降。在试验过程中应注意检查和进行必要的补气。

2 管道内气体趋于稳定过程中，用喷雾器喷洒发泡液检查管道漏气情况。

检查方法：检查管堵对管口的密封，不得出现气泡；检查管口及管壁漏气，发现漏气应及时用密封修补材料封堵或作相应处理；漏气部位较多时，管内压力下降较快，要及时进行补气，以便作详细检查。

表 C.0.2 管道闭气检验记录表

工程名称				
施工单位				
起止井号	＿＿＿＿＿号井段至＿＿＿＿号井段＿＿＿＿＿共＿＿＿＿＿m			
管　　径	ϕ＿＿＿＿mm＿＿＿＿＿＿＿＿管		接口种类	
试验日期		试验次数	第＿＿次 共＿＿次	环境温度 ℃
标准闭气时间（s）				
≥1600 mm 管道的内压修正	起始温度 T_1（s）	终止温度 T_2（s）	标准闭气时间时的管内压力值 P（Pa）	修正后管内气体压降值ΔP(Pa)
检验结果				

施工单位：　　　　　　　　　试验负责人：

监理单位：　　　　　　　　　设计单位：

建设单位：　　　　　　　　　记录员：

附录 D 混凝土结构无压管道渗水量测与评定方法

D.0.1 混凝土结构无压管道渗水量测与评定适用于下列条件：

1 大口径（$D_i \geqslant 1500$ mm）钢筋混凝土结构的无压管道；

2 地下水位高于管道顶部；

3 检查结果应符合设计要求的防水等级标准，无设计要求时，不得有滴漏、线流现象。

D.0.2 漏水调查应符合下列规定：

1 施工单位应提供管道工程的"管内表面的结构展开图"；

2 "管内表面的结构展开图"应按下列要求进行详细标示：

1）检查中发现的裂缝，并标明其位置、宽度、长度和渗漏水程度；

2）经修补、堵漏的渗漏水部位；

3）有渗漏水，但满足设计防水等级标准允许渗漏要求而无须修补的部位。

3 经检查、核对标示好的"管内表面的结构展开图"应纳入竣工验收资料。

D.0.3 渗漏水程度描述使用的术语、定义和标识符号见表 D.0.3：

表 D.0.3 渗漏水程度描述使用的术语、定义和标识符号

术语	定义	标识符号
湿渍	混凝土管道内壁，呈现明显色泽变化的潮湿斑；在通风条件下潮湿斑可消失，即蒸发量大于涌入量的状态	#
渗水	水从混凝土管道内壁渗出，在内壁上可观察到明显的流挂水膜范围；在通风条件下水膜也不会消失，即渗入量大于蒸发量的状态	○

术语	定义	标识符号
水珠	悬挂在混凝土管道内壁顶部的水珠、管道内侧壁渗漏水用细短棒引流并悬挂在其底部的水珠，其滴落间隔时间超过 1 min；渗漏水用干棉纱能够拭干，但短时间内可观察到擦拭部位从湿润至水渗出的变化	◇
滴漏	悬挂在混凝土管道内壁顶部的水珠、管道内侧壁渗漏水用细短棒引流并悬挂在其底部的水珠，其滴落速度至少为 1 滴/min；渗漏水用干棉纱不易拭干，且短时间内可明显观察到擦拭部位有水渗出和集聚的变化	
线流	指渗漏水呈线流、流淌或喷水状态。	↓

D.0.4 管道内有结露现象时，不宜进行渗漏水检测。

D.0.5 管道内壁表面渗漏水程度宜采用下列检测方法：

1 湿渍点：用手触摸湿斑，无水分浸润感觉，用吸墨纸或报纸贴附，纸不变颜色。检查时，用粉笔勾画出湿渍范围，然后用钢尺测量长度并计算面积，标示在"管内表面的结构展开图"上。

2 渗水点：用手触摸可感觉到水分浸润，手上会沾有水分，用吸墨纸或报纸贴附，纸会浸润变颜色。检查时，要用粉笔勾划出渗水范围，然后用钢尺测量长宽并计算面积，标示在"管内表面的结构展开图"上。

3 水珠、滴漏、线流等漏水点宜采用下列方法检测：

1） 管道顶部可直接用有刻度的容器收集测量，侧壁或底部可用带有密封缘口的规定尺寸方框，安装在测量的部位，将渗漏水导入量测容器内或直接量测方框内的水位，计算单位时间的渗漏水量（单位为 L/min 或 L/h 等），并将每个漏水点位置、单位时间的渗漏水量标志在"管内表面的结构展开图"上。

2） 直接检测有困难时，允许通过目测计取每分钟或数分钟内的滴落数目，计算出该点的渗漏量。据实验经验：漏水每分钟滴落速度 3 滴~4 滴时，24 h 的渗漏水量为 1 L，如果滴落速度每分钟大于 300 滴，则形成连续细流。

　　3）应采用国际上通用的 L/（m²·d）标准单位。

　　4）管道内壁表面积等于管道内周长与管道延长的乘积。

D.0.6　管道总渗漏水量的量测可采用下列方法，并应通过计算换算成 L/（m²·d）标准单位：

　　1　集水井积水量测法：测量在设定时间内的集水井水位上升数值，通过计算得出渗漏水量。

　　2　管道最低处积水量测法：测量在设定时间内的最低处水位上升数值，通过计算得出渗漏水量。

　　3　有流动水的管道内设量水堰法：量测水堰上开设的 V 形槽口水流量，然后计算得出渗漏水量。

　　4　通过专用排水泵的运转，计算专用排水泵的工作时间、排水量，并将排水量换算成渗漏量。

附录 E 聚氨酯（PU）涂层

E.1 聚氨酯涂料

E.1.1 聚氨酯涂料防腐层的性能应符合表 E.1.1 的规定。

表 E.1.1 聚氨酯涂料防腐层性能

序号	项 目	性能指标	试验方法
1	附着力（级）	≤2	SY/T 0315
2	阴极剥离（65℃，48 h）（mm）	≤12	SY/T 0315
3	耐冲击（J/m）	≥5	SY/T 0315
4	抗弯曲（1.5°）	涂层无裂纹和分层	SY/T 0315
5	耐磨性（Cs17砂轮，1 kg，1000转）（mg）	≤100	GB/T 1768
6	吸水性（24，%）	≤3	GB/T 1034
7	硬度（Shore D）	≥65	GB/T 2411
8	耐盐雾（1000 h）	涂层完好	GB/T 1771
9	电气强度（MV/m）	≥20	GU/T 1408.1
10	体积电阻率（Ω·m）	1×10^{13}	GB/T 1410
11	耐化学介质腐蚀（10%硫酸、30%氯化钠、30%氢氧化钠、2号柴油，30 d）	涂层完整、无起泡、无脱落	GB 9274

E.1.2 聚氨酯涂料应有出厂质量证明书及检验报告、使用说明书、出厂合格证等技术资料。用于输送饮用水管道内壁或与人体接触的

聚氨酯涂料，应有国家合法部门出具的适用于饮用水的检验报告等证明文件。

E.1.3 聚氨酯涂料应包装完好，并在包装上标明制造商名称、产品名称、型号、批号、产品数量、生产日期及有效期等。

E.1.4 涂敷作业应按制造厂家提供的使用说明书的要求存放聚氨酯涂料。

E.1.5 对每种牌（型）号的聚氨酯涂料，在使用前均应由合法检测部门按本标准规定的性能项目进行检验。

E.1.6 涂敷作业应对每一生产批聚氨酯涂料按规定的聚氨酯指标主要性能进行质量复检，不合格的涂料不能用于涂敷。

E.2　涂敷工艺

E.2.1 表面预处理应符合下列规定：

1　钢材除锈等级应达到现行国家标准《涂装前钢构材表面锈蚀等级和除锈等级》GB 8923—1988 中规定的 Sa2½ 级的要求，表面锈纹深度为 40 μm ~ 100 μm。

2　表面温度应高于露点温度 3 ℃ 以上，且相对湿度应低于85%，方可进行除锈作业。

3　除锈合格的表面一般应在 8 h 内进行防腐层的涂敷，如果出现返锈，必须重新进行表面处理。

E.2.2 外防腐层涂敷应符合下列规定：

1　涂敷环境条件：表面温度应高于露点温度 3 ℃ 以上，相对湿度应低于85%，方可进行涂敷作业环境温度与管节温度应维持在制造厂家所建议的范围内。雨、雪、雾、风沙等气候条件下，应停止防腐层的露天作业。

2 管材及涂敷材料的加热：需要对被涂敷的管节进行加热时，应限制在制造厂家所规定的温度限值之内，并保证管节表面不被污染。加热方法及加热温度应依照制造厂家的建议。

3 涂敷方法：应按制造厂家的技术说明书进行涂敷。可使用手工涂刷或双组分高压无气热喷涂设备进行喷涂。

4 涂敷间隔：每道防腐层喷涂之间的时间间隔应小于制造厂家技术说明书的规定值。

5 复涂应符合下列规定：

1） 涂敷厚度未达到规定厚度，且未超过制造厂家所规定的可复涂时间时，可再涂敷同种涂料以达到规定的厚度，但不得有分层现象。

2） 已超过制造厂家所规定的可复涂时间的防腐层，必须全部清除干净，重新涂敷。

6 管端预留长度按照设计要求执行。

本标准用词说明

1　为便于在执行本规范条文时区别对待，对要求严格程度不同的用词说明如下：

　　1）表示很严格，非这样做不可的：

　　　　正面词采用"必须"，反面词采用"严禁"；

　　2）表示严格，在正常情况下均应这样做的：

　　　　正面词采用"应"，反面词采用"不应"或"不得"；

　　3）表示允许稍有选择，在条件许可时首先应这样做的：

　　　　正面词采用"宜"，反面词采用"不宜"；

　　4）表示有选择，在一定条件下可以这样做的，采用"可"。

2　条文中指明应按其他有关标准执行的写法为："应符合……的规定"或"应按……执行"。

引用标准名录

1　《城市综合管廊工程技术规范》GB 5038

2　《涂装前钢构材表面锈蚀等级和除锈等级》GB 8923

3　《建筑地基基础设计规范》GB 50007

4　《室外给水设计规范》GB 50013

5　《室外排水设计规范》GB 50014

6　《建筑给水排水设计规范》GB 50015

7　《钢结构设计规范》GB 50017

8　《工程测量规范》GB 50026

9　《供配电系统设计规范》GB 50052

10　《建筑物防雷设计规范》GB 50057

11　《给水排水构筑物工程施工及验收规范》GB 50141

12　《建筑地基基础工程施工质量验收规范》GB 50202

13　《砌体结构工程施工质量验收规范》GB 50203

14　《混凝土结构工程施工质量验收规范》GB 50204

15　《钢结构工程施工质量验收规范》GB 50205

16　《地下防水工程质量验收规范》GB 50208

17　《电力工程电缆设计规范》GB 50217

18　《工业金属管道工程施工及验收规范》GB 50235

19　《现场设备、工业管道焊接工程施工及验收规范》GB 50236

20　《给水排水管道工程施工及验收规范》GB 50268

21 《建筑工程施工质量验收统一标准》GB 50300

22 《给水排水工程管道结构设计规范》GB 50332

23 《通信管道工程施工及验收规范》GB 50374

24 《纤维增强复合材料建设工程应用技术规范》GB 50608

25 《混凝土结构工程施工规范》GB 50666

26 《碳素结构钢》GB/T 700

27 《设备及管道绝热技术通则》GB/T 4272

28 《石油沥青脆点测定法　弗拉斯法》GB/T 4510

29 《混凝土和钢筋混凝土排水管》GB/T 11836

30 《生活饮用输配水设置及防护材料的安全性评价标准》
GB/T 17219

31 《混凝土结构耐久性设计规范》GB/T 50476

32 《密闭空间作业职业危害防护规范》GBZ/T 205

33 《城镇排水管道维护安全技术规程》CJJ 6

34 《城市道路照明标准》CJJ 45

35 《城镇排水管渠与泵站维护技术规程》CJJ 68

36 《城市测量规范》CJJ/T 8

37 《装配式混凝土结构技术规程》JGJ 1

38 《普通混凝土用砂、石质量及检验方法标准》JGJ 52

39 《混凝土用水标准》JGJ 63

40 《电力电缆隧道设计规程》DL/T 5484

41 《顶进施工法用钢筋混凝土排水管》JC/T 640

42 《埋地钢质管道阴极保护参数测试方法》SY/T 0023

43 《通信线路工程设计规范》YD 5102

44 《通信线路工程验收规范》YD 5121

45 《光缆进线室设计规定》YD/T 5151

46 《光缆进线室验收规定》YD/T 5152